THE

DECLINE AND FALL

OF THE

HUMAN EMPIRE

智人生命簡史

科技、太空移民、AI 能否延緩人類的終局？
一場跨越生命演化與未來科技的思想探測

國際頂尖
演化生物學家
Henry Gee
亨利・吉
劉泗翰——譯

目錄

第二部 衰敗 FALL

智人在極短時間內主宰了地球生態系，但人類物種有可能在未來一萬年間滅絕，要測繪智人衰亡的過程，就必須了解他們在巔峰時期做了些什麼。

前言・我們活在轉折點上

幾日的創作，幾個鐘頭的瀏覽，六百年就過去了，生命或統治持續的時間濃縮成轉眼即逝的一瞬間：陵墓長在王位左右；罪犯成功後緊接著幾乎就是失去戰利品；而我們不朽的理性卻依然存在，輕蔑地看著六十位君主的幽靈從我們眼前經過，只在我們的記憶中留下浮光掠影。

——愛德華・吉朋（Edward Gibbon），《羅馬帝國衰亡史》（*The Decline and Fall of the Roman Empire*）

在地球悠長的歷史中有許多動物興起又滅亡，其中最能激發大眾想像的無非就是恐龍了。他們充斥著我們的電影和漫畫，其形象隨處可見於服裝和學校午餐盒上，甚至還進入不受歡迎的地方。「恐龍」一詞享有如此盛名——如此強烈的吸引力——甚至可以促銷一些跟恐龍沒有太大關係的產品。像《恐龍崛起之前》（*Dawn of the Dinosaurs*）是一本精彩著作的標題[1]，主題是遭到不公正忽略的三疊紀（也就是因電影而享有盛名的侏羅紀之前的那個時期，不過話說回來，電影中出現的許多恐龍其實是來自更晚的白堊紀），在這五千萬年期間（約莫是兩億五千萬至兩億年前），有許多不凡的生物演化出來，它們本身都很意思，只是大多數人不太熟悉，至於恐龍只是在接近尾聲時扮演了一個跑龍套的角色而已。儘管如此，恐龍還是在標題頁上占據了最高地位。這種古代文化挪用還不僅止於此，有關史前生命的暢銷書經常以「恐龍」為標題，然後用較小的字體加上「和其他史前動物」幾個字，彷彿是道歉似的。以恐龍模型為號召的玩具組可能包括與恐龍生活在同一時代卻不是恐龍的動物（例如：會飛的翼龍、會游泳的蛇頸龍），甚至還有異齒龍，那是一種生活在恐龍出現前數千萬年的生物，嘴裡有牙齒、背上有棘帆，其實在血緣上還更接近我們人類。然後，彷彿是為了對時代錯置這種最輕微的指控表達不屑之意，他們甚至還會在套裝組合裡塞進一隻毛茸茸的猛瑪象，儘管這種動物一直到恐龍消失了五千多萬年之後才出現。「恐龍」一詞儼然成了「點擊誘餌」的近義詞，讓我也很想將這本書命名為「恐龍」（字體較大），再加上副標題：「及其在人類演化與滅絕中的角色」（字體較小）。

然而，本書跟恐龍倒也不是完全八竿子打不著。不管大家對恐龍還有什麼看法，恐龍已經滅絕這一點無庸置疑，也絕對是千真萬確的[2]。社會大眾心裡對恐龍的迷戀絕大部分都源自於這個簡單的事實。恐龍一直到大約六千六百萬年前的白堊紀末期似乎都還繁衍興旺，卻在突然間，跟著許多其他生物一起消失不見，其中包括會飛的翼龍（牠們不是恐龍）、會游泳的蛇頸龍（牠們也不是），還有像卡車輪胎那麼大、最具代表性的菊石（牠們是魷魚的親戚，只是身上穿著盔甲，絕對不是恐龍）。

多年來——甚至幾十年來——恐龍滅絕的原因一直是個不成問題的問題，也衍生出大量的各種可能答案。科學文獻提供了一百多種答案，成了雞尾酒會中閒聊的話題[3]。恐龍滅絕是因為牠們的蛋殼變得太薄、太脆弱，讓胚胎無法發育成熟；恐龍滅絕是因為牠們的蛋殼變得太厚，幼龍無法破蛋而出；恐龍滅絕是因為新演化出來的哺乳動物吃掉了牠們的蛋（無論蛋殼有多厚）；恐龍滅絕是因為食用了當時新演化出來的開花植物，引起消化不良所致；恐龍因為感染了當時剛演化出來的開花植物所造成的花粉症，所以打噴嚏打到死掉；恐龍因為其他一些不明的傳染病而死亡；恐龍因為體型過於龐大笨重而滅絕；恐龍因為停止交配而滅亡；恐龍因為在地球上統治萬物長達一億六千萬年，無人能與爭鋒，也沒有新世界可以征服，於是無聊至死（後來還因此衍生出一個專業術語來描述這種情況，即「古世界厭世」

---

1 Fraser, N. and Henderson, D., *Dawn of the Dinosaurs* (Bloomington: Indiana University Press, 2006)。

2 是的，我知道，鳥類倖存了下來，鳥類是恐龍的後代，但在大眾的心目中，「恐龍」一詞讓人想到的是暴龍而不是火雞。

3 Benton, M., Scientific methodologies in collision: the history of the study of the extinction of the dinosaurs, *Evolutionary Biology* **24**, 371-400, 1990。

〔*Palaeoweltschmerz*〕）——純粹是因為活得不耐煩而滅絕了。

在恐龍滅絕的原因之中，最令人震驚的解釋是地球遭到了一顆巨大的小行星撞擊，引發全球性災難。不過，這個想法後來證明是對的。

「種族衰老」只是幻覺？

然而，許多想法都基於這樣的觀點：在地球上存活了一億多年後，恐龍變得陳舊過時、疲憊不堪、無以為繼，也就是說，牠們的時代結束了。說實在的，這就是為什麼滅絕根本就不是問題的原因，因為人類曾經認為生物的王朝來來去去是理所當然的事情，告別舞台本來就是不可避免的，因為生物已經喘不過氣來了。這種情況稱之為「種族衰老」（racial senescence），或者用更專業的名詞來說，叫做「定向演化」（orthogenesis）。因此，泥盆紀被稱為「魚類時代」，此後，魚類讓位給後來在石炭紀的「兩棲動物時代」，每個生物朝代都讓位給更新、更先進、也演化得更進步的生物，每種生物都在指定的地位，也都有指定的時間長短。恐龍是「爬蟲類時代」的極致巔峰，此後是「哺乳類時代」，最終形成了人類（請注意，我原文用的是大寫 M 的 Man，而不是大寫 W 的 Woman）。每一個動物王朝出現，大多會排擠掉原有的動物，但是也會輪到牠們開始衰退。恐龍來了，在生命的舞台上焦躁踱步或是昂首闊步，等到舞台上的時間一到，就下台一鞠躬，留下「恐龍」一詞成為龐然巨物、不合時宜和不適應現代世界的代名詞，就像福特的艾德塞爾車系（Ford Edsel）或手動打字機一樣。

直到一九七〇年代，恐龍才重獲新的定義，被視為溫血的聰明生物，這多半要歸功於已故古生物學家約翰．H．歐斯壯（John H. Ostrom）和他勇猛的學生羅伯特．巴克（Robert Bakker）兩人的耐心與辛勞。不久之後，小行星撞擊地球導致恐龍時代戛然而止的理論獲得認可，人們這才發現恐龍的滅絕並不是因為某種自然循環，而是在鼎盛時期遭外力終結。如果這顆小行星沒有撞擊地球，或許恐龍到現在仍然存活在地球上。

此後，定向演化理論遭棄如敝屣，成了廢棄演化理論垃圾場中「下落不明」的檔案。這個理論曾經風光一時，不過現在呢，就像恐龍一樣，過氣了。因為你也明白，演化過程並非如此。演化的動力是天擇，這是一個很好用的術語，描述遺傳變異和過度繁殖後代在遭遇環境變遷時發生的情況。當這種衝擊隨著時間的推移而發生時，其結果就是演化的改變。然而，在任何特定時刻，天擇都不會記憶過去，不會展望未來，也不會設定目標。古生物學家李．范華倫（Leigh Van Valen）將這種只活在當下的觀點概括為「紅皇后」假設。生物永遠都在競爭。掠食者發展出更銳利的武器和更敏銳的感官來捕捉獵物，而獵物也不斷演化，變得更機警、更謹慎。正如在路易斯・卡洛爾（Lewis Carroll）的《鏡中奇緣》（*Through the Looking Glass*）書中紅皇后對愛麗絲所說的，在鏡之國裡，你必須盡全力奔跑只為了留在原地。由此，范華倫推斷：一個物種（或一群物種）在生命舞台上轉變的時間與其消失的時機或方式之間，沒有必然的關係。定向演化理論——種族衰老——只是一種幻覺。

只不過，那並不是幻覺。

古生物學家一次又一次地發現，物種（或更常說的是生物分類的屬，即密切相關的物種群）往往會在地球歷史的某個時刻出現，然後開始多樣化，接著主宰地球，只不過最後都會逐漸消失並且滅絕。如果定向演化沒有意義，那麼有什麼理論可以解釋這種來來去去的模式呢？

巔峰後注定走下坡

直至最近，到了二〇一七年，才終於有了答案，一群來自赫爾辛基的古生物學家針對這個問題想出了一個巧妙的解答[4]。物種出現的原因有很多，但是他們若要崛起並占據主導地位，就必須與其他生物產生摩擦，就像牡蠣需要一點惱人的沙礫才能形成珍珠一樣。一旦他們到達巔峰，將所有競爭對手都趕出城外，就必須跟一個冷酷無情又永不放棄的對手——也就是地球本身——展開一場漫長且必然失敗的戰鬥。此後，唯一的出路就是一路走下坡，直到最後僅存的一點點殘留物都被一些偶然的環境事件剔除殆盡。毀滅恐龍的小行星是個異常事件，即使沒有這顆小行星撞擊，恐龍遲早也會滅絕，因為這就是生物的本質。要了解一般情況下物種在何時又為何滅絕，就必須了解他們在巔峰時期做了些什麼。

於是，人類和恐龍之間就產生了連結[5]。如果將這種邏輯應用於現代人類身上，我們智人（*Homo sapiens*）這個物種本身就注定要滅絕。這是當然的啊。人類跟恐龍和曾經在這顆星球表面行走、跳躍或爬行，或曾在地底下挖洞、在地表上空飛行，或潛入海洋深處巡游的所有其他生物一樣，都無法聲稱自己享有特殊的豁免權，免於這個世界的規則束縛。不過，從另外一個角度來說，智人容或不是例外，卻無論如何都是與眾不同的，我認為即便是人類自己

---

4 Zliobaite, I., *et al.*, Reconciling taxon senescence with the Red Queen's hypothesis, *Nature* **552**, 92-5, 2017; Marshall, C. R., A tip of the hat to evolutionary change, *Nature* **552**, 35-7, 2017。

5 要如何定義「人類」（human）是出了名的困難。在本書中，我在某些地方用人類來指涉我們這個物種的任一成員，即「智人」；不過在其他地方也用來指涉「古人類」（hominins）的任一成員，即智人所屬的物種群，不過是與智人關係較密切的任一物種，而與該物種現存血緣最接近的親戚黑猩猩之間的關係反而較為疏遠。這樣的概念令人困惑，因為智人是唯一現存的古人類，過去則還有許多其他物種（數量則因計算的人不同而異）。在本書中，「人類」一詞的意思總是取決於上下文。就像色情作品或爵士樂一樣，「人類」一詞很難定義，但是只要你一看到，就會明白。

球員兼裁判，這樣說亦堪稱公允[6]。人類在極短的時間內主宰了所有其他生物的命運，就我們所知，在整個地球歷史上沒有任何其他生物有這個能耐。人類以前所未有的方式掌控了自然力量，主宰地球，深入探究原子的祕密並利用其能量，揭開生命基因的奧祕並加以操縱，甚至還瞥見了宇宙的邊緣。基於所有這些成就，我們有充分理由去問：人類是否可能獨一無二地躲過滅絕的大鐮刀，並永遠生存下去？

答案是，人類將會跟萬物一起滅亡。而有一部分原因就在於人類的成功。人類已經變得如此卓越，占據如此優勢地位，以至於威脅到人類和所有其他生物賴以生存的生態系統。在萬物創世的歷史中，從未有任何一個物種能夠構成如此強大的威脅[7]。

我在前一本著作《地球生命簡史》（*A (Very) Short History of Life on Earth*）中，對智人究竟何時會消失含糊帶過。我預測的時間搖擺不定，可能是幾千年、幾萬年後，甚至避重就輕地說是未來某個——呃——模糊不清的時間。我想，我的說法是：這是「遲早」的事。從某種程度上來說，滅絕並不是一個一視同仁的現象，而是根據每個物種本身的情況產生各種不同的影響。在那本書中，我很得意地發明了「安娜卡列尼娜原則」——所有快樂、繁榮、豐茂的物種都是一樣的，但是每個面臨滅絕的物種各有不同的消亡方式。

不過，其中還是有規則可循。根據赫爾辛基小組發現的原理，我們這個物種不可避免的滅亡，在人類物種群七百萬年系譜史上首次只剩下一個物種時就已經決定了——這個物種就是智人。那是什麼時候呢？大約是五萬至兩萬五千年前的某一刻，此後走下坡的命運就勢不可擋，唯一的問題是何時才會落幕。

直至大約五萬年前，智人都還只是眾多人類物種中的一個，當時主要分布在熱帶地區，像非洲和南亞，另外在東南亞島嶼和澳洲也有他們的足跡。至於在歐洲和中、北亞是尼安德塔人（Neanderthal）的天下，因為他們適應了冰河時期艱困的生活[8]。他們在中亞和東亞與丹尼索瓦人（Denisovans）共存[9]，最初適應了西藏高原的高海拔生活，但是後來遷移到海拔

6 有關反駁此一觀點的有力論述，請參閱拙著 *The Accidental Species: Misunderstandings of Human Evolution* (Chicago: University of Chicago Press, 2013)。

7 唯一可能的例外就只有那些存活在二十五億多年前的細菌，它們演化出一種化學反應，產生一種廢物，是目前已知的最致命氣體之一，因此引發了第一波滅絕，也可以說是地球曾經面對或是將要經歷的一次最致命的滅絕。這種氣體的名字叫做氧分子。

8 尼安德塔人的正式「拉丁」名稱是 *Homo neanderthalensis* 或 *Homo sapiens neanderthalensis*，取決於你問的是誰。在本書中，我將簡單地用非正式的「尼安德塔人」來稱呼他們。

9 丹尼索瓦人沒有「正式名稱」或「拉丁名」，因為沒有足夠的獨特化石證據來證明他們是不同的物種。如果他們真的是獨特的物種，很可能會取名為 *Homo altaiensis*（阿爾泰人）。說到這裡，我想跟你們說一件我可能不應該告訴你們的事，可是反正這是註腳，沒有人會讀到註腳，所以我就乾脆說了吧。但是只有跟你說哦，姑且稱之為「我們的小祕密」。正如我在本書稍後會提到的，我們對丹尼索瓦人的了解主要來自一根難以歸類的指骨中提取的完整 DNA 序列，是研究古代 DNA 的先驅斯萬特．帕波（Svante Pääbo）及其同僚的重大發現。不過，這不是祕密。祕密的部分是，我和他曾經在一家泰國餐廳吃午餐時討論過 *Homo altaiensis* 這個名字，就在倫敦南肯辛頓區自然歷史博物館的對面，他曾在那裡發表過演講。可是，你也別去找了，因為那個地方已經不在了，我是說餐廳啦；至於自然歷史博物館，在我撰寫本書時，

較低的地區。在東南亞島嶼上也有人類物種，例如：爪哇島曾有殘存的古老物種直立人（*Homo erectus*），菲律賓則有不尋常的矮小「哈比人」呂宋人（*Homo luzonensis*），而在現今印尼的弗洛勒斯島（Flores）上則有弗洛勒斯人（*Homo floresiensis*）。這還只是我們知道的。智人在非洲與其他物種共存，但是我們幾乎不知道這些物種的存在。但是到了大約兩萬五千年前，正好是冰河時期最冷的那段時間，智人已經在整個非洲和歐亞大陸定居，甚至進入了美洲。在那個時候，智人已經導致所有其他人類物種滅絕了。智人所向披靡，攻無不克，直到最後一位不屬於智人的人類物種死亡，從那一刻起，智人的命運就已經注定了。

然後，就是跟不可避免的命運展開一場漫長又注定要失敗的戰爭。

這話聽起來有點奇怪，因為從那時候開始，人類的發展歷程就一直順風順水，最後統治全球。然而，在成功故事的背後，智人的滅絕卻是指日可待，而且這種情況數千年來始終不變，到了現在終於瀕臨崩潰。

至於原因為何，我將在本書中一一道來。

同時，我也會說明，如果智人夠聰明、夠幸運、也夠靈巧敏捷，或許還能逃過一劫——至少可以暫時喘一口氣。不過他們若想要做到這一點，就必須立刻採取行動，因為現在還存活的人類，包括你這位讀者[10]，都活在我們這個物種悠久歷史中一個獨一無二的轉折點上。

愛德華・吉朋在撰寫長達兩千九百頁的權威史詩巨著《羅馬帝國衰亡史》時，並未從羅馬的建立開始說起[11]。他沒有講到羅馬與迦太基的漢尼拔（Hannibal of Carthage）之間的戰爭；沒有講到西庇阿（Scipio）、龐培（Pompey）或馬克・安東尼（Mark Antony）的英勇戰役；也沒有講到凱撒征服高盧，或是帝國顛覆羅馬共和國。反之，他從西元二世紀初，圖拉真（Trajan）統治下的羅馬帝國鼎盛時期著手[12]。他憑本能直覺就知道，要描繪帝國衰落的

仍然屹立在那裡。但是我岔題了。當時我們認為丹尼索瓦人的遺骸不可能有一個真正的「正式名稱」或「拉丁名」，因為實際發現的骨骼數量太少，就算找到了，可能也不會知道，除非能夠找到更精密的實驗室做檢驗。然而，若是能夠找到更多的丹尼索瓦人的骨骼，這種情況或許會改觀。斯萬特在他的優秀著作《尼安德塔人：尋找失落的基因組》（*Neanderthal Man: In Search of Lost Genomes*）中提到了這件事，我在其中也扮演路人甲，書中的描述在某些方面跟我的記憶有出入，不過我們說的都沒有錯。後來，斯萬特因提取古代 DNA 的成就榮獲諾貝爾獎，而我則在抽獎中贏得一個蛋糕。我言盡於此，你要怎麼想就隨便你啦。

10 在此，我謹向所有自認為不是人類的讀者表示歉意。

11 吉朋在一七七六年至一七八八年間出版了六卷作品。而我的版本則是佛里歐出版社（Folio Society）在一九八三年至一九九〇年間製作的八卷精美套書，由 Betty Radice 和 Felipe Fernández-Armesto 編輯。

12 西元一一七年，圖拉真征服了美索不達米亞，羅馬帝國的版圖達到巔峰，但是過了沒多久，美索不達米亞便淪陷了，此後一路走下坡。歷史學家瑪莉・畢爾德（Mary Beard）在其著作《SPQR：璀璨帝國，盛世羅馬，元老院與人民的榮光古史》（*SPQR: A History of Ancient Rome*）一書中，認為羅馬的衰敗從西元二一二年開始，當年卡拉卡拉皇帝（Caracalla，西元一九八－二一七年在位）諭令（幾乎）所有生活在帝國的自由人皆有羅馬公民身分。如果人人都是名人，就等於沒

過程，必須從帝國的巔峰期開始下手——赫爾辛基研究小組概括物種滅絕原因時也是由此處著手。

為了說明歷史背景，吉朋確實稍微回顧了一下前一個世紀，回溯到奧古斯都（Augustus）時代，尤其是奧古斯都的觀點，即認為羅馬帝國在當時就已經達到了自然的極限——以萊茵河、多瑙河、幼發拉底河與撒哈拉沙漠為界的地中海盆地——超出這些範圍將適得其反。而事實也證明了確實如此。儘管羅馬軍團有時的確會渡過萊茵河進入日耳曼，橫越多瑙河進入現在的羅馬尼亞，但是這些征服都是短暫的。有時候，連在裏海和波斯灣沿岸都可以聽到羅馬軍團行軍的聲音，可是在這些遙遠的地方打仗，勝利都是轉眼即逝，很快就會遭到逆轉。事後證明，奧古斯都的邊界才是最持久的。

從古人類說起

我將效法吉朋從羅馬最輝煌時期開始測量帝國走向衰敗過程的做法，從智人占據物種頂峰、成為古人類（即人類）大家族中唯一倖存者之前不久，開始測繪人類物種的衰亡過程[13]。事實上，我要回溯得更遠一些，從最早的古人類開始說起，因為只有一個事實可以定義我們這個家族——古人類大家族——也就是習慣以雙足站立。古人類就是用後腿站起來走路的猿類。如果我們還是四腳著地的話，人類譜系中後來發生的許多事情——從演化出超大的大腦，到漫長的童年，再到技術的發明等等——可能就不會出現了[14]。儘管以雙足行走有種種優點，但對人類的健康和福祉來說卻是個壞消息，因為在此前五億年間，人類的身體已經演化出水平延伸拉長的脊柱，如今需要進行全面改造。脊柱從水平突然轉為垂直的壓迫，引發了大量的問題，即使到今天仍然是一大挑戰。從疝氣到痔瘡，從背痛到骨折，用兩條腿走路仍然要付出可怕的代價。

然後，我將集中討論古人類中某一個屬的起源，也就是人屬，這是包含在古人類的一個特定物種群，其中包括我們自己。直到人屬物種在兩、三百萬年前出現之前，所有的古人類都限制在非洲。然而，隨著人屬的出現，他們離開了故土，分布到全世界，演化出許多新物種，從東南亞的哈比人到穴居的尼安德塔人，再到體型粗壯、後來移居西伯利亞與西藏的丹尼索瓦人。但是所有這些人屬的數量都很少，也很分散。雖然人類家族的早期成員都是雜食性機

有人是名人了。

13 提醒一下前面說過的事：古人類是指與現代人類關係比較密切、而與黑猩猩的關係比較疏遠的任何物種。除智人之外，所有古人類物種都已滅絕。

14 有關雙足行走的完整論述，請參閱 *First Steps: How Upright Walking Made Us Human*, by Jeremy DeSilva (London: HarperCollins, 2021)。

會主義者，卻只不過是生態系統的邊緣人。即使有些人成為素食的專家，也沒有人類群體能夠媲美斑馬或牛羚，在草原上漫步吃草。最成功的早期人屬物種是直立人，他們成為在草原集體狩獵的掠食者，很像現代的非洲獵犬，而以生態系統的經濟來說，掠食者總是比較稀少。

可是不管他們是狩獵或採集，是食腐動物還是掠食者，古人類的化石——數百萬年前保存下來的物質殘骸——都極為罕見。與其他同一時代、共享環境的動物化石相比，如羚羊、大象等，古人類的化石少到幾乎找不到。很可能古人類活著的時候數量就很少，在他們棲身的生態系統裡，充其量就只是邊緣人，從未大量出現過。當直立人演化成為專門吃肉的物種時，就益發突顯出這種人數稀少的問題。人數過於稀少一直是古人類的難題，因為人數少就限制了同一族群在任何一段時間內可獲得的遺傳多樣性。如此一來，不良突變的基因就有機可趁，原本在規模較大族群中會遭到淘汰的突變，反而可以自由的傳遞下去（我在本書稍後會解釋何以如此）。更嚴重的是，人數稀少意味著一個族群更接近徹底滅絕，這倒不是因為天生的基因缺陷，而是由於特殊的環境和不幸的偶然——安娜卡列尼娜原則發揮了作用。古人類似乎有個特徵，就是在他們的歷史上，曾經不只一次，而是可能有好幾次，都發生過人口趨近於零的情況。最近的研究披露了一個特別棘手的時代，在這段時間裡，古人類在大約九十三萬至八十一萬三千年前的十幾萬年間，一直徘徊在滅絕的邊緣。在此期間，可以繁殖的人類總數從未超過一千兩百八十人[15]。現代保育人士若是回到過去，可能會認為人類是一個瀕臨滅絕的物種，並列入瀕危物種紅皮書。

智人的征服

儘管現在地球上的人類數量比以往任何時候都多，但是早期的人口短缺在我們的基因中留下了印記。雖然我們的外表各不相同，但內在卻大致一樣。非洲一群黑猩猩的遺傳變異比整個人類物種的遺傳變異還要大[16]。這顯示智人是由非常小群的創始者發展出來的，這些群體在過去的某個時候（可能還不只一次）逃過了滅絕。

直立人及其後代遷徙到歐亞大陸，並在那裡演化，不過人屬物種也持續在非洲演化。我在第三章提到，我們智人這個物種的起源，大約是三十一萬五千年前的非洲，與尼安德塔人在歐洲出現的時間大致相同。當時，我們這個物種還只是一種原料，需要透過經驗來篩選。

---

15 Hu, W., *et al.*, Genomic inference of a severe human bottleneck during the Early to Middle Pleistocene transition, *Science* **381**, 979-84, 2023。

16 Kaessmann, H., *et al.*, Great Ape DNA sequences reveal a reduced diversity and an expansion in humans, *Nature Genetics* **27**, 155-6, 2001。

儘管智人曾經多次嘗試離開非洲，卻始終徒勞無功，直到大約十萬年前，這時候，智人已經歷了分裂成多個小族群又重新聚攏的漫長時期，在非洲境內雜交繁衍[17]，形成了我們現今所認識的生物——一種具有自我認知和破壞慾望的生物。

然而，智人卻差一點就沒能演化出來。在他們存續的大部分時間裡，都被逐漸主宰了歐洲和西亞的近親尼安德塔人困在非洲故鄉。隨著全球氣候持續變冷、變乾燥，智人幾乎滅絕。所幸，最後一群散落的殘餘智人倖存了下來，可是瀕臨滅絕的經驗又再一次在人類基因留下了痕跡。由於所有現代人類都是從倖存的極少數祖先族群演化而來的，因此人類可以用來克服疾病等新挑戰的遺傳資源也就非常貧乏。

從大約十萬年前開始，智人終於離開了非洲。這次遷移非常成功，人類在六萬多年前到達澳洲，在四萬五千年前到達歐洲。不管智人走到哪裡，毀滅都如影隨形。智人與其他古人類物種不同，他們開始改變地景以滿足自己的需求，其結果就是大多數比大型犬體型更大的動物都滅絕了[18]。（最遲）到了大約兩萬五千年前，智人已經占領了所有主要大陸。只有紐西蘭、馬達加斯加、以及較為偏遠的海洋島嶼和南極洲尚未有人涉足，甚至這些地方最後也被智人征服。值得一提的是，相較於地質史上的事件規模，甚至與整個古人類的演化歷程相比，智人擴張的速度都堪稱極速。我們可以說智人的突然入侵已經涵括了月球，乃至於整個太陽系——以技術觸角的形式——因為智人發射的無線電和電視訊號已經飛越了一百多光年，傳到更廣闊的銀河系，那裡有數千顆恆星。

智人不僅導致地球上大多數大型動物的滅絕，也導致所有其他人類物種的滅絕——主宰歐亞兩洲逾二十五萬年的尼安德塔人，在現代人類約四萬五千年前湧入歐洲時滅亡了。儘管長期以來一直抵抗智人的入侵，尼安德塔人的文明還是像沙雕城堡一樣不敵潮水的沖刷，而且只花了不到一萬年的時間。大約在同一時間，人類的出現預告了其他人類物種的滅亡，包括在亞洲類似雪人的丹尼索瓦人、在東南亞島嶼類似哈比人的土著（呂宋人和弗洛勒斯人），還有其他有待發現的人類物種。

到了這個時候，唯一的出路就是走下坡了。

演化理論認為，物種若是還有競爭夥伴就會成功。正如赫爾辛基小組的研究顯示，當競爭消失時，物種就會出現停滯，而變得更容易受到外部環境以及內部力量的影響。吉朋的羅馬帝國如此，人類物種亦然。而我也從這個時候開始記錄智人的衰亡。

---

17 Ragsdale, A. P., *et al.*, A weakly structured stem for human origins in Africa, *Nature* **617**, 755-63, 2023。

18 有關最後一次冰河時期後期的滅絕——很多都要歸咎於智人——請參閱 Anthony J. Stuart 的著作 *Vanished Giants* (Chicago: University of Chicago Press, 2021)，書中有詳盡的說明。

馴化動植物的代價

衰亡從人類的一項驚人創新開始。這項創新幾乎（但不全然）是動物界中獨一無二的，也就是馴化動植物。從大約四萬年前人類馴服了狗之後，開始馴養各種其他大型動物，作為肉、奶和纖維的來源。兇猛的野牛和野豬變成了牛大媽和豬小弟；原本膽怯的綿羊則成了一身毛茸茸的溫馴小羊。更重要的是，人類開始馴化野生植物。農業這項創舉始於約兩萬六千年前，當時地球正處於最後一次冰河時期的巔峰，世界上許多未被冰雪覆蓋的地方都變得很荒涼乾燥。狩獵採集者靠著種植可預測收成的作物免於飢餓，而不再依賴愈來愈難以預測的狩獵採集。從那時候開始，人類的數量呈指數增長，卻付出毀滅性的代價。農業的影響一直流傳至今，也就是困擾人類的一連串疾病和健康問題，從肺結核到寄生蟲感染，乃至於糖尿病。

而更令人擔憂的，或許是大多數人的食物來源都是基因相似的農作物，選擇受到局限。歷史證明，過度依賴單一作物可能帶來災難。人們會想到十九世紀的愛爾蘭馬鈴薯飢荒，當時馬鈴薯作物遭到真菌病害毀壞，結果造成愛爾蘭人口因飢餓和移民顯著減少[19]。如今，培育植物的人也必須領先一步，才能防止真菌破壞那些極少數的商業香蕉品種。少了香蕉，世界也許還能生存下去，但是更嚴重的是某些病原體侵襲小麥、稻米、大麥、小米或高粱，而這些作物是數十億人賴以生存的主食。

跟其他動物相比，比方說黑猩猩，人類就像香蕉一樣，很容易感染疾病[20]。人類如此脆弱的原因，可以追溯到過去，在那些令人焦慮的時期，人類數量驟減到極少的數目，後來雖然重新恢復，但是遺傳變異程度卻相對小，這使得人類很容易受到疾病侵害，從古代的瘟疫到今天的新冠肺炎，疾病史已經證明了這一點。這種現象在許多小族群中特別明顯，他們都易於罹患某些疾病，有些是透過感染，有些則是透過近親繁殖，包括阿非利卡人（Afrikaner）的紫質症（porphyria）[21]、艾米許人（Amish）的躁鬱症[22]、阿什肯納茲猶太人（Ashkenazi Jews）的克隆氏症（Crohn's disease）[23]。的確，儘管我們的醫藥、衛生和生活方式都有所改善，但是疾病造成的負擔與威脅仍然很大，相形之下，黑猩猩就算不講究個人衛生，甚至還喜歡吃自己的糞便，牠們罹患的疾病卻比人類少得多。事實上，黑猩猩罹患的某些疾病還可能是從人類身上感染的。我們甚至可以說，現代醫療的干預**反而加劇**了人類的疾病負擔，因為今

19 Le Page, M., Bananas threatened by devastating fungus given temporary resistance, *New Scientist*, 21 September 2022。
20 Harper, K., *Plagues Upon the Earth* (Princeton: Princeton University Press, 2021)。
21 http://www.porphyria-professionals.uct.ac.za/ppb/porphyrias/vp。
22 https://psychnews.psychiatryonline.org/doi/full/10.1176/pn.40.24.0021。
23 https://www.healthline.com/health/crohns-disease/jewish-ancestry。

天現代醫學讓許多病人存活下來，而他們若是不幸早幾百年出生，很可能已經死了[24]。

二〇二二年是智人的一個重要里程碑。那一年，世界人口第一大國中國死亡人數超過出生人數[25]，是自一九六〇年代毛澤東發動「大躍進運動」導致大規模飢荒以來，首次出現這種情況。

這消息十分引人矚目，因為自從農業發明以來，人類數量就一直成長，無人可以阻擋，因此保羅．艾理希（Paul Ehrlich）才會在一九六八年寫了《人口爆炸》（*The Population Bomb*）一書，探討人口過剩的危害[26]。巧合的是，一九六〇年代也正是人口成長最快的時期，年增率略高於百分之二。從那時候開始，人口發生了全新的變化——人口成長率開始下降。當然，人口總數仍在成長，只是整體成長速度放緩，只稍微高於百分之一。在相對年輕的國家，人口仍在快速增長，但是在許多國家——或許是大多數國家——現在的生育率已經低於人口自然更替率[27]。情況最糟糕的例子是日本，但是西班牙、義大利、泰國等許多國家的情況也不遑多讓。

人類數量即將開始萎縮

人類數量即將開始萎縮已經夠令人詫異了，但是為什麼會發生在現在呢？

自從《人口爆炸》一書出版以來，地球上的人口增加了一倍多，但是（整體而言）人類活得比當時更長壽、也更健康[28]。這是農業、技術、醫療保健等領域創新的結果，不過更重要的是婦女賦權。在我看來，婦女解放是人類社會健康和福祉的最大決定因素。人們對自己生育選擇的控制權更甚於以往，然而令人擔憂的是，他們的選擇似乎是延後生育年齡，或者根本不生孩子。人們延遲生育的決定可能是因為對未來普遍感到不安，這種不安或許是基於對環境的普遍擔憂，也可能是因為他們認為自己的經濟前景還無法成家。

這種看似非特定原因的不安，其根本源頭可能是智人對資源的過度開發。由於地球上大

---

24 Lynch, M., Mutation and human exceptionalism: our future genetic load, *Genetics* **202**, 869-75, 2016。

25 在二〇二二年，中國出生人口為九五六萬人，而死亡人數為一〇四一萬人。Stevenson, A., and Wang, Z., ‘China population falls, heralding a demographic crisis’, *New York Times*, 16 January 2023, https://www.nytimes.com/2023/01/16/business/china-birth-rate.html。

26 Ehrlich, P., *The Population Bomb* (New York: Ballantine Books, 1968)。

27 Vollset, S. E., *et al.*, Fertility, mortality, migration and population scenarios for 195 countries and territories from 2017 to 2100: a forecasting analysis for the Global Burden of Disease Study, *The Lancet*, **396**, 1285-306, 2020。

28 Friedman, J., *et al.*, Measuring and forecasting progress towards the education-related SDG targets, *Nature* **580**, 636-9, 2020。

部分的資源已經消耗殆盡，可供利用的資源愈來愈少，這或許也能在某種程度上解釋，為何全球經濟雖有起伏，卻已經停滯了二十年。這種長期停滯與生育率下降同時發生或許並非巧合。而且，在現代社會，壞消息傳得很快。金融服務和旅遊業日益緊密的聯繫，意味著金融和健康的衝擊傳播得比以往更快，影響也更廣泛。在一九六〇年代（也就是人口趨勢開始轉變時）出生的那一代，可能是現代史上最後一個能夠保證比其父母輩更富有的世代吧；這些孩子的孩子通常根本無力負擔生兒育女的費用。更深層的問題是——即使人們確實想要生孩子，也會把這個選擇延後到愈來愈晚，增加遭遇生育問題的風險。最糟糕的是，人類的精子數量在二十世紀急劇下降，原因至今無人能完全理解。

人口減少的直接後果將是政治與社會動盪。氣候變遷導致地球某些地區不再適合人類居住，更重要的是，也不再適合種植人類賴以生存的農作物，尤其是在全球南方[29]國家。這些國家的年輕居民由於無法在本國生存，正在往北方遷移。如果全球北方國家想要維持生存能力，就應該想辦法將這種流入的人口視為一項資產，而不是拒於門外。在未來一個世紀，大多數流動人口將來自非洲，那裡的人口結構最年輕，人口成長也仍然迅速。

人類此前曾兩度走出非洲。第一次是在大約兩百萬年前，直立人成為第一個離開非洲大陸的古人類；第二次則是在大約十萬年前，智人遷出非洲，最終取代了亞洲和歐洲的所有其他古人類。這兩次遷徙都沒有任何特定意圖或目的地，這些人類遷徙，可能是出於人口壓力、氣候變遷或追隨獵物群；此外，這些遷徙也需要花上許多世代的時間才能完成，而且任何一個個體終其一生可能只會從出生地移動幾十公里，我們現在看到的遷徙模式都是事後透過回顧而建構的。然而，第三次遷徙將會截然不同。這完全是有目的的遷移，而且最多只需要幾十年的時間；任何個體都能在幾天——最多幾個月——的時間內完成整個旅程，人數也將比前兩次遷徙的總和還要多。

衝突會在世界各地發生，究其根本原因則是氣候變遷以及隨之而來的資源減少，特別是耕地和灌溉用水的短缺。可能會有人認為：人口減少也會降低對資源的需求，然而全球人口仍在增長，並且將持續到二〇六〇年代，可是資源危機在現在二〇二〇年代就已經發生了。令人擔憂的是，智人數量的減少將伴隨（並加速）飢荒、乾旱、戰爭和普遍的經濟困難。全球北方國家的政府將受益於接納來自全球南方的過剩人口，而愈來愈多的南方國家則將遭到人口激增和氣候變遷引發破壞的雙重打擊。北方國家此舉將有助於填補因為生育率下降造成的勞動力短缺，卻可能會加劇國內緊張局勢。不過全球人口終究將會減少，對那些因為歷史

29 編註：全球南方（Global South，亦稱南方世界、南方國家）、全球北方（Global North）是用來描繪世界政治、社會經濟分歧的術語，而非南北半球的地理位置劃分。前者大致上可以理解為發展中及低度開發國家，後者則可理解為已開發國家。

因素純粹以預期經濟成長[30]與人口擴增而建構的政府來說，這將形成一大挑戰。總有一天，全球北方國家將會互相競爭吸引最多移民，而不再將他們拒於門外。

靠多樣性演化自救

展望更遠的未來，人類數量終將下降到幾乎等同滅絕的程度——就像是走上絞刑台。也就是說，智人仍將存在，但是數量會非常稀少，而且群體分布非常離散，因此很可能隨便因為一個偶發事件而慘遭滅絕。尼安德塔人是智人已滅絕的近親，他們的經歷就是歷史上一個慘痛的教訓。該物種向來就人口稀少，只是零散地分布在歐洲和西亞的廣大範圍內；最後，群體數量變得非常小，而且居住地也非常分散，以至於尼安德塔人根本找不到配偶[31]。他們眼前只有兩個解決方案——近親繁殖或是與蓬勃發展的智人雜交。近親繁殖是走向滅絕的保證，而另一種選擇——與智人雜交——則導致尼安德塔人失去了獨特性，不再是一個獨立的群體。但是從某種意義上來說，尼安德塔人仍然生存著——以智人的形式存在。在當今地球上，只要你的血統不是純非洲人，身上都帶有少量尼安德塔人的 DNA。尼安德塔人與智人之間的差別在於，後者無法藉由將自己的遺傳埋藏在其他物種更豐富的 DNA 中來拯救自己——因為現在不存在這樣的物種。正如美國演化生物學家賈德・戴蒙（Jared Diamond）在另一篇文章寫的，沒有什麼比群體數量短缺更能導致一個族群的滅絕[32]。

然而，直立人的例子提出了另一個解決方案。直立人是尼安德塔人和智人最早的祖先。直立人從非洲家鄉擴張到歐亞大陸，並演化出大量的新物種，而且每個新物種都適應特定的生態位。直立人的後代尼安德塔人適應了北方的冰天雪地，並學會了在洞穴深處建造家園。其他後代則逐漸適應了雨林生活，這裡的環境出乎意料地難以征服。只有當直立人群體分散到一定程度，個體和群體很少有機會相遇雜交時，才有可能出現這種多樣化。因為彼此分得這麼開，才能各自走出自己的演化途徑。

這樣的多樣性演化能不能拯救智人？我在這本書中提出的答案是肯定的，但是由於智人實際上已經成為整個地球上的單一種群，因此只有當人類決定殖民太空時才能實現這種多樣性，讓不同的群體生活在孤立的棲地，或是在月球、火星和其他星體上。智人可以繼續生存，不過可能會分化成一系列的新物種，這些新物種之間的差異就像直立人與尼安德塔人之間的

30 Masood, E. *GDP: The World's Most Powerful Formula and Why it Must Now Change* (London: Icon Books, 2021)。

31 Vaesen, K., *et al.*, Inbreeding, Allee effects and stochasticity might be sufficient to account for Neanderthal extinction, *PLoS ONE* **14**, e0225117, 2019。

32 Diamond, J., The last people alive, *Nature* **370**, 331-2, 1994。

差異一樣。大規模殖民太空說來容易做來難，因為還需要才剛起步甚或尚未存在的技術。然而，如果歷史只能見證一件事，那就是生命——尤其是智人——似乎擁有無窮的智慧來擺脫困境。

艾理希在《人口爆炸》一書中提出了急迫的警告：世界很快就無法養活所有的人口[33]。那場災難顯然並未發生。智人是如何實現這項有如胡迪尼脫逃術一般看似不可能的壯舉呢？答案既包含了技術層面，也包含社會層面。

智人的困境脫逃術

在技術方面牽涉到所謂的「綠色革命」。為了因應全球飢荒的威脅，美國、墨西哥和菲律賓的科學家培育出高產量的小麥和水稻新品種，相較於農民過去習慣種植的品種，可以更密集而有效地利用農田。這個計畫始於一九六〇年代（事實上，艾理希在《人口爆炸》書中也將其列為可能的解決方案）。大約二十年後，又發生了另一場革命。一九八〇年代的「基因革命」讓人類創造出基因改造作物，能夠抵抗病蟲害或是在條件較差的土壤中生長，可望更進一步提高農業產量。

可是為了這些好處，人類也付出巨大的代價。綠色革命帶來的人口成長不可能無限持續下去。改善農業的成本終有一天會超過獲益，達到極限。可能會有人說，智人早就已經達到甚至超過了這些限制，面臨著資源嚴重枯竭和環境惡化的風險[34]。從某個角度來說，我們又回到了艾理希撰寫那篇見識宏遠的論文時那種窘況。今天，智人——數百萬物種中的一個——大約霸占了植物透過光合作用創造的所有產物的三分之一，而幾乎所有生命都仰賴這些產物生存[35]。這顯然是無法永續的。綠色革命旨在避免一九六〇年代的大規模飢荒，不過可能只是推遲災難發生，而無法消弭災難。

33 從更廣泛的角度來看，艾理希的觀點與托馬斯・馬爾薩斯（Thomas Malthus）傳播的末日論如出一轍。馬爾薩斯在《人口論》（*Essay on the Principle of Population*，最早出版於一七九八年）預測人口的成長將自然超過其供給能力。馬爾薩斯著作出版了六個版本，最後一版在一八二六年問世，影響了查爾斯・達爾文，並且提出了一個機制，後來被稱為天擇論——也就是，生物產生的後代數量永遠會比能夠存活下來的數量多得多。

34 Rees, W. E., The Human ecology of overshoot: why a major 'population correction' is inevitable', *World* **4**, 509-27, 2023。

35 Krausmann, F., *et al.*, Global human appropriation of net primary production doubled in the 20th century, *Proceedings of the National Academy of Sciences of the United States of America* **110**, 10324-9, 2013。

然而，智人還是有辦法減少他們對植物的過度依賴。其中一個方法聽起來自相矛盾，就是要多吃植物。原因是人類飼養動物——牛、山羊、豬和綿羊等——藉以獲取牛奶和肉，這些動物靠著吃植物來獲取能量，只是在人類吃到他們的肉之前大部分的能量都浪費掉了。如果人類直接吃植物，而不是食用吃植物的動物，那麼就能更有效率地利用植物。其結果可能是人類使用較少的地球自然資源，進而減輕地球生物多樣性的壓力。

另外可能還有更激進的解決方案。一種方法可能是透過基因工程改造生物（例如細菌）來顛覆光合作用，使其過程更有效率，這可以說是第二階段的綠色革命。另一種方法則可能是透過化學方法，或者更有可能是藉助細菌或是類似酵母之類的真菌，將廢棄物轉化為食物。第三種方法可能是創造一種完全人工化的光合作用，將二氧化碳和水直接轉化為糖，完全不需要植物的參與[36]。

為了讓大量智人在資源有限的地球上更永續存活而發想出來的概念，如：封閉式生態循環、人工光合作用等，都可能會有一個副作用，就是物種必須獲得超越其生存的技術手段。智人或許能夠藉由擴張到他們出生的這個星球之外來擺脫滅絕的命運。我在本書中希望說明，藉助人工光合作用和其他進步的技術進入太空，可能會為人類擺脫目前面臨的困境提供出路，甚至可能延緩物種滅絕，直到無情的演化齒輪創造出一系列後人類物種。

從某種意義上來說，智人注定要冒險上太空，因為挑戰環境限制是他們傳承的一部分。人類科技創造力的根源十分深厚。

靈長類動物是熱帶動物，一直都是。自然生活在熱帶地區以外的靈長類動物少之又少而且引人注目，其中一種是巴巴里獼猴（*Macaca sylvanus*）——牠們根本不是猿類，而是猴子——已在西班牙南部的直布羅陀歸化；另一種是牠們的近親雪猴（*Macaca fuscata*），生活在日本的寒冷山區。

人屬物種將靈長類向熱帶以外地區的冒險提升到一個新的境界。八十多萬年，當溫和的天候逐漸轉變為寒流時，一種早期的人屬物種，或許是先驅人（*Homo antecessor*），在英格蘭定居[37]。直立人在中國北部的洞穴裡生火，也就是現今的北京附近，亦是在熱帶地區以外另一個具有挑戰性的環境。尼安德塔人冒險進入俄羅斯的北極地區，而智人很快就在世界其他地區定居，無論氣候多麼惡劣。

---

36 Kolbert, E., Creating a better leaf. *The New Yorker*, 13 December, 2021。

37 Parfit, S., Ashton, N., Lewis, S., *et al.*, Early Pleistocene human occupation at the edge of the boreal zone in northwest Europe. *Nature* **466**, 229–33, 2010; Roberts, A., Grün, R., Early human northerners. *Nature* **466**, 189–90, 2010。

科技創造力的挑戰

人類能夠做到這一點，都要拜生火、人造居所和服裝等技術進步所賜。因此，如今人類居住的範圍可以從熱帶擴及兩極地區，這讓人忽略了一個事實：若是沒有科技的幫助，人類能夠生活的環境範圍比想像中要狹窄得多。

這時候就牽涉到氣候變遷的問題了。如果沒有進一步的技術援助，即使是數十億人口居住的熱帶中心地帶，很快就會變得過於炎熱和潮濕，不適合人類居住。智人也喜歡住在靠近海邊的低窪地區，這些地區現在都很容易受到海平面上升的影響。與以往一樣，人類必須藉助技術解決這些問題，才能讓物種的生物地理範圍不致縮小到無可避免走向滅絕的地步。

人類已經在這方面展現出非凡的創造力，這一點也不足為奇。例如：荷蘭大部分國土都位在海平面以下，而且已經持續了很長一段時間，因為該國大部分土地都是填海造陸而來的。英格蘭東部一個名為華許灣（Wash）的地方，其周邊地區也可以說是這種情況，此地在中世紀大部分都淹沒在水裡，如今卻是英格蘭的糧倉。儘管海平面上升再次構成威脅，但是現代人類仍有餘力繼續維持甚至擴大可以生產農作物的陸地面積。透過巧妙的城市設計和空調等技術發明，智人正在學習如何在難以忍受的炎熱潮濕環境中生存。在人類演化的背景下，太空只不過是另一個在熱帶地區以外、看似充滿敵意的環境，適合智人學習在其中生活[38]。

不過，還有一個問題：最佳的發射時機很有限。技術進步需要以大量的腦力資源為基礎，人口減少意味著技術停滯。在本世紀的前四分之三期間，全球人口將持續成長，此後便趨於穩定並開始下降，甚或會出現急劇下降。如果人類在未來一、兩個世紀內沒有大規模地殖民太空，那麼就可能根本不會發生。

因此，人類面臨一個抉擇，而且是一個現在必須做的抉擇，因為智人正面臨著一連串在其演化史上獨一無二的政治、社會、生物和環境危機，而且是智人的種群數量首次出現下降的轉折點。

如果智人照這樣繼續發展下去，必會滅絕無疑。可以追溯到將近七百萬年前古人類譜系中的最後一個物種，將從地球上消失，不留下任何後代。當然，誠如我所說的，所有物種最終都會滅絕。對物種來說，這是最自然不過的事。然而，根據我提出的安娜卡列尼娜原則，智人將以自己的方式走向滅亡，而其具體細節尚無法預見。環境劣化？核戰或生物戰爭？全球飢荒？又一次流行病疫情？人工智慧？殺手機器人造成的災難？殭屍末日？悲觀厭世的大規模來襲？無論原因是什麼，從地質年代的角度來說，我認為智人的滅絕很快就會到來——就在一萬年內。

38 詳見Marshall, T., *The Future of Geography* (London: Elliott and Thompson, 2023)。

在另一方面，如果智人移居到太空，他們就有可能在未來數百萬年內繁榮昌盛，並以目前尚無法猜測的方式演化和分化。

關鍵在於，儘管我們這個物種有悠久的歷史，但是現在就必須做出抉擇。也就是說，在目前還存活的這些人的有生之年必須決定。

一九六〇年代中期，也就是我上小學的時候，人們對太空旅行的熱情達到了頂峰，我們學校圖書館裡還陳列著一本名為《你會上月球》（*You Will Go to the Moon*）的書。如今，我幼時的興奮感漸漸消退了。我從來沒有登上月球，我的同班同學也沒有。事實上，只有十二個人曾經踏上月球，而且近半個多世紀以來，根本沒有人登上月球。諸如《你會上月球》這樣的書名看起來有些過時，甚至有些古怪。不過現在，至少感覺好像有了新的迫切性。你**確實**會上月球。因為如果你不這麼做的話，地球上可能就沒有人可以向你揮手致意了。

第一部

崛起

智人是從倖存的極少數祖先群體演化而來的，
不僅消滅了所有其他的古人類，
還擴及地球的每個角落，占據物種頂峰。

01 人類家族 The Human Family

我們不知不覺地從青年步入老年，沒有注意到人類事務中漸進且持續不斷的變化；甚至在我們更廣泛的歷史經驗中，想像力也習慣透過一連串永恆的因果關係，將最遙遠的革命統一起來。但是如果兩個令人難忘的時代之間的間隔可以立即消失，如果在經過兩百年的短暫沉睡之後，有可能在一個仍然對舊世界保留生動和新鮮印象的旁觀者眼前展現新世界，他的驚奇和反思將是哲學傳奇中一個令人欣喜的主題。

——愛德華．吉朋，《羅馬帝國衰亡史》

每個人都有讓自己受益匪淺的精神導師，而我有幸擁有許多位導師。其中一位是已故的羅伯特．麥克尼爾．亞歷山大教授（Robert McNeill Alexander）——他的朋友都叫他尼爾——是里茲大學的動物學教授。從一九八一到一九八四年間，我在該校唸大學。尼爾是一位和藹可親的紳士，留著白色的長鬍鬚，讓人（至少是我這位留下深刻印象的學生）聯想起《星際大戰》中的歐比王肯諾比（Obi-Wan Kenobi）或是《魔戒》裡的甘道夫（Gandalf）。他是一位科學家，專門研究動物運動的方式，曾經在實驗室測量過袋鼠跳躍時用了多大的力氣，以及駱駝行走時在腿部肌腱儲存了多少能量。

他的工作方式簡單到令人嘆為觀止，連《週日郵報》（*The Mail on Sunday*）都曾經稱他為「英國最瘋狂的教授——真正懂他們那一行的十大賢人之一」，這也是他獲得的眾多榮譽中，最令他開心的一個[39]。他利用一個按比例製作的恐龍模型，將它放進裝滿水的燒杯裡，測量被模型排出的水量，藉以估算恐龍的質量。他還找到了一種巧妙的方法，可以根據動物足跡的間距來估算牠們移動的速度，而且他還是看到自己的孩子們在海灘上奔跑才想到這個方法——先測定他們奔跑的速度，然後再測量他們在沙灘上留下的腳印間距。他利用這些數據，再加上其他一些簡單的計算，就可以根據動物的足跡估算其行走的速度，即使留下足跡的動物早已消失，甚至已經滅絕。他用如此簡單的方式生動地講述過去，還從恐龍足跡間距推斷

39 Biewener, A., Wilson, A., R. McNeill Alexander *(1934–2016), Nature* **532**, 442, 2016, https://doi.org/10.1038/532442a; Alexander, G., Robert McNeill Alexander, 7 July 1934-21 March 2016, *Biographical Memoirs of the Royal Society*, 22 December 2021, https://royalsocietypublishing.org/doi/10.1098/rsbm.2021.0030。

出牠們移動的速度相當緩慢[40]。

阿法南方古猿的足印

看來，距今三百多萬年前在現今為坦尚尼亞的一個叫做萊托利（Laetoli）的地方，阿法南方古猿（*Australopithecus afarensis*）——一種早期古人類——也以同樣緩慢的步伐，在當地的濕火山灰泥留下了足印[41]。在其他動物紛沓的足印中（那個地區就像尖峰時段的火車站大廳一樣熙熙攘攘），一群阿法南方古猿悠哉地從這裡漫步到那裡。阿法南方古猿與現代人類截然不同，她身材嬌小，腿相對較短，大腦也小小的。從很多方面來看，她都很像一隻黑猩猩，不過她卻做了一件事——就只有一件事——而且是只有人才會做的事，也就是養成直立行走的習慣。她的足印證明她用兩隻後腳行走，走得幾乎跟現在的人類一樣好[42]。

然而，她並不是附近唯一的兩足動物。在萊托利還發現了另一組由兩足動物留下的足跡，但是他們行走方式很奇怪，與阿法南方古猿或現代人類都不相同。長期以來，人們認為這可能是熊留下來的足印，因為這種動物偶爾也會用後腿行走，不過最近的研究顯示，這些應該也是一種早期古人類的足跡，可能是阿法南方古猿的近親[43]。若果如此，那麼這個物種的所有痕跡已經從地球上完全消失了。除了一串令人費解的足跡之外，這第二個古人類物種沒有留下任何能夠證明其存在的遺跡，不像阿法南方古猿還留下了骨骼和牙齒讓後人可以進一步了解他們。

他們也不是唯一的謎團。有一天，大約在阿法南方古猿家族從坦尚尼亞火山灰走過去的三百萬年前，某個物種在現今地中海克里特島上的濕沙留下了一連串的足跡。當時的克里特島北部有一座陸橋與希臘相連。這些腳印與人類的腳印有驚人的相似之處，留下腳印的人每隻腳有五根腳趾，其中大腳趾比其他腳趾大，但是與其他腳趾緊密貼合且排列整齊——這一點很重要，因為猿類（例如黑猩猩）以及一些早期古人類的物種，他們的大腳趾與其他腳趾的距離很遠，更像拇指。然而，與現代人類的腳相比，腳跟的輪廓不太明顯。這種生物可能是兩足動物，可是就像在萊托利留下足跡又不完全是阿法南方古猿的生物一樣，也不完全是

40 Alexander, R., McN., Estimates of speeds of dinosaurs, *Nature* **261**, 129–30, 1976。

41 Leakey, M., and Hay, R., Pliocene footprints in the Laetolil Beds at Laetoli, northern Tanzania. *Nature* **278**, 317–23, 1979; Leakey, M., Hay, R., Curtis, G., *et al.*, Fossil hominids from the Laetolil Beds. *Nature* **262**, 460–6, 1976。

42 我用女性的代名詞「她」來稱呼，是效法最著名的阿法南方古猿標本，那是一具雌性古猿的部分骨骼，在衣索比亞的哈達爾（Hadar）發現的，被稱為「露西」。

43 McNutt, E.J., Hatala, K.G., Miller, C., *et al.*, Footprint evidence of early hominin locomotor diversity at Laetoli, Tanzania. *Nature* **600**, 468–71, 2021。

人類。這位在克里特島留下足跡的人至今仍身分不明，可能是大約七百萬年前生活在巴爾幹半島一種名為希臘古猿（*Graecopithecus*）的猿類化石，我們只能從頭骨和牙齒化石得知他們的存在，尚未發現任何希臘古猿的腿骨或足骨可以拿來跟這些足跡比對，就像灰姑娘失去的鞋子一樣。也可能還有什麼別的原因，沒有人知道[44]。

現代猿類也能夠直立行走，如黑猩猩、大猩猩等，但牠們只是偶一為之，很快就會恢復手腳著地的習慣姿勢，也就是用四肢走路。不過似乎有一點很清楚，那就是在一千萬到六百萬年前，某些猿類開始習慣性地直立行走。大約九百萬至七百萬年前，有一種名叫山岳古猿（*Oreopithecus*）的猿類住在克里特島西邊的一個群島上，也就是後來的義大利北部；儘管牠的腳像黑猩猩一樣有分叉的大腳趾，但可能也是直立行走。另一種猿類則是河神古猿（*Danuvius*），大約一千二百萬至一千一百萬年前生活在巴伐利亞[45]，牠可能不是兩足動物，然而卻非常適應以看似直立的姿勢攀爬在樹幹和樹枝之間。用兩條腿走路就像在樹枝間移動一樣，只是沒有樹枝而已。

當今世界上的猿類數量已經很少。黑猩猩和大猩猩生活在西非和中非，紅毛猩猩和長臂猿則在東南亞，牠們全都生活在正快速消失中的熱帶森林。一千萬年前，生活在歐亞大陸和非洲的猿類種類比今天要多出許多，不過那時的森林也比較多就是了。除了希臘古猿、山岳古猿與和河神古猿之外，還有數十種其他古猿。

我們幾乎全都靠牙齒化石來認識這些生物，有時牠們也會留下一些下顎骨碎片。牙齒的琺瑯質是任何生物製造出來的最堅硬物質，因此，牙齒是骨骼中最能抵抗時間侵蝕的部分。頭骨和四肢骨骼的化石非常罕見，甚至連碎片都很少，挖到完整的骨架化石確實像挖到寶藏一樣。在一千萬年前之後，連這些破碎的猿類殘骸也幾乎完全從化石紀錄中消失，取而代之的是猴子的化石。唯一的黑猩猩化石是一顆牙齒，可追溯到五十萬年前[46]。目前還沒有發現大猩猩或紅毛猩猩的化石，不過一千萬年前生活在非洲的脈絡猿（*Chororapithecus*）可能是大猩猩的近親[47]，而一千二百萬年前的西瓦古猿（*Sivapithecus*）和約八百萬年前的呵叻古猿

---

44 Gierlinski, G. D., *et al.*, Possible hominin footprints from the late Miocene (c. 5.7 Ma) of Crete? *Proceedings of the Geologists' Association*, **128**, 697-710, 2017, http://dx.doi.org/10.1016/j.pgeola.2017.07.006; Kirscher, U., El Atfy, H., Gärtner, A., *et al.*, Age constraints for the Trachilos footprints from Crete. *Scientific Reports* **11**, 19427, 2021。在此必須說明的是：並非所有人都認同這些是古人類留下的腳印，有些人甚至覺得根本就不是腳印。

45 Böhme, M., Spassov, N., Fuss, J., *et al.*, A new Miocene ape and locomotion in the ancestor of great apes and humans. *Nature* **575**, 489–93, 2019。

46 McBrearty, S., and Jablonski, N. G., First fossil chimpanzee, *Nature* **437**, 105-8, 2005。

47 Suwa, G., Kono, R., Katoh, S., *et al.*, A new species of great ape from the late Miocene epoch in Ethiopia. *Nature* **448**, 921–4, 2007。

（*Khoratpithecus*）[48]則可能是紅毛猩猩的近親[49]。大約一千萬年前之後的猿類化石之所以如此稀少，是因為牠們撤退到極不容易形成化石的熱帶森林，同時也是因為森林本身不斷萎縮，那是全球長期緩慢冷卻和乾燥的結果，最終導致在大約兩百五十萬年前的冰河時期。

查德沙赫人的頭骨化石

在一千萬至五百萬年前之間，幾乎沒有猿類化石的紀錄。直到有一天，一塊引人矚目的化石掉入這個時期的中間。那個化石是古人類。

查德沙赫人（*Sahelanthropus*）來自或許最難以想像的地方——查德中部的一個地區，那裡曾經鬱鬱蔥蔥，如今卻是非常乾燥、強風吹襲的一片荒地，看起來更像月球表面，而不是這個星球的任何地方[50]。在那裡進行田野工作的研究人員回來之後，個個看起來都像是剛從沙塵暴走出來似的。然而，即使在那裡，人類仍然堅持生存下去。這個後來在科學界被稱為「查德沙赫人」的頭骨有一個暱稱，叫做「Toumaï」，在當地語言中代表「生命的希望」。出土的頭骨幾乎是完整的（只受到一點點擠壓），與一般猿類或古人類的化石形成了鮮明的對比，那些化石要不是只剩下牙齒碎片，就是骨頭看起來像是被壓路機碾過的玉米片。「Toumaï」

的年紀在七百萬至六百萬年之間，而且是兩足動物。

如果你手上只有一個頭骨化石，沒有任何手臂或腿的痕跡，要如何判斷某種生物是否為兩足動物呢？你會這樣想也是情有可原。不過，判斷的依據是顱底的一個孔，也就是脊椎的連接處，脊椎神經穿過這個孔與大腦相連，這個孔稱為枕骨大孔（**foramen magnum**），在拉丁文中就是「大洞」的意思。對於四足動物來說——也就是四腳著地且脊椎保持水平的動物，如狗或馬——牠們的枕骨大孔位於頭骨後面；然而，對兩足動物的古人類來說，由於脊椎是垂直的，因此枕骨大孔就塞進頭骨底部。這確保了古人類儘管脊椎在實際上已經轉了一個直角呈垂直狀，卻仍然面朝前方。查德沙赫人的頭骨看起來與黑猩猩的頭骨相似，只是枕骨大孔的位置比黑猩猩更靠近頭骨底部，這顯示查德沙赫人在生前更習慣以雙足行走。後來，有人發現一些屬於查德沙赫人的部分大腿骨和手肘骨碎片，也顯示他是兩足動物，只不過還保

---

48 Chaimanee, Y., Suteethorn, V., Jintasakul, P., *et al.*, A new orangutan relative from the Late Miocene of Thailand. *Nature* **427**, 439–41, 2004。

49 紅毛猩猩的另外一個近親是巨猿，來自中國南方，體型是成年雄性大猩猩的兩倍，在曾經存在過的靈長類動物之中是體型最大的一種——不過牠的體型大小只能透過下顎和牙齒來推估，因為我們從未找到牠骨骼的其他部分。最後一隻巨猿滅絕的時間相對較晚，大約在三十萬年前左右。

50 Brunet, M., Guy, F., Pilbeam, D., *et al.*, A new hominid from the Upper Miocene of Chad, Central Africa. *Nature* **418**, 145–51, 2002。

留了好些為了適應攀爬的能力[51]。

幾乎找不到的古人類紀錄再次出現在圖根原人（Orrorin）身上，他生活在大約六百萬年前的肯亞，根據一些化石碎片——這些碎片至關重要——其中包括部分大腿骨，顯示他是兩足動物[52]。其他早期的兩足動物還包括卡達巴地猿（*Ardipithecus kadabba*），生活在五百萬年前的衣索比亞[53]，還有後來的近親始祖地猿（*Ardipithecus ramidus*），也來自同一地區，距今四百四十萬年[54]。然而，奇怪的是，始祖地猿的骨骼顯示，他是否已經完全靠雙足直立行走可能還有疑異，而且他在樹上的時間可能比在地面上要多。在衣索比亞曾經發現一根孤立的古人類足部骨骼，可以追溯到三百四十萬年前，他的大腳趾活動靈活，更像拇指[55]：這跟萊托利發現的腳印大約是同一年代，證明了當時非洲有不只一種古人類物種，其中一些比其他物種更熱衷在地面生活。

然而，隨著森林開始凋零，留下一片開闊的大草原，只有零星的林地點綴其中，於是直立行走的物種戰勝了在樹上攀爬的同儕。阿法南方古猿之後的所有古人類都是兩足動物。即使是阿法種的南方古猿，攀爬能力似乎也已減弱。對於被暱稱為「露西」的阿法南方古猿之部分骨骼所做的法醫分析顯示，她很可能是因為從樹上摔下來受傷致死[56]。

古人類為什麼演化成兩足動物？

最大的問題是——**為什麼？**為什麼古人類會理所當然地用雙腳行走，而不是偶一為之？答案是（小心有劇透！）沒有人知道。「為什麼」的問題總是最難回答的。然而，當人們意識到沒有其他哺乳動物是習慣性用雙腳走路時，就凸顯出這種安排的不尋常之處[57]。

傳統的解釋——至少是最為大眾接受的解釋——是認為用雙腳走路有百利而無一害。這樣的想法向來不缺：古人類直立行走是為了騰出雙手來抱小孩、製作工具或攜帶食物，甚或

---

51 Daver, G., Guy, F., Mackaye, H.T., *et al.*, Postcranial evidence of late Miocene hominin bipedalism in Chad. *Nature* **609**, 94–100, 2022。

52 Senut, B., *et al.*, First hominid from the Miocene (Lukeino Formation, Kenya), *Comptes Rendus de l'Académie des Sciences Series IIA – Earth and Planetary Science*, **332**, 137-44, 2001。

53 Haile-Selassie, Y. Late Miocene hominids from the Middle Awash, Ethiopia. *Nature* **412**, 178–81, 2001。

54 White, T., Suwa, G., & Asfaw, B., *Australopithecus ramidus*, a new species of early hominid from Aramis, Ethiopia. *Nature* **371**, 306–12, 1994。

55 Haile-Selassie, Y., Saylor, B., Deino, A., *et al.*, A new hominin foot from Ethiopia shows multiple Pliocene bipedal adaptations. *Nature* **483**, 565–9, 2012。在萊托利那個曾經被視為熊留下來的腳印，可能是像這樣的生物遺留下來的。

56 Kappelman, J., Ketcham, R., Pearce, S., *et al.*, Perimortem fractures in Lucy suggest mortality from fall out of tall tree. *Nature* **537**, 503–7, 2016。

57 當然，唯一的例外是袋鼠，不過袋鼠跟人類還是有不同之處：牠們的移動方式是跳躍，而不是行走，還用肌肉結實的長尾巴來保持平衡。

三者兼具；古人類直立行走更有利於他們在高聳的草叢中觀察開闊的地形；古人類直立行走是為了更容易在深水中涉水而過[58]；古人類直立行走是為了向未來的伴侶展示自己脆弱的部位。問題是，所有這些解釋都是事後提出來的。當然，用雙腳走路可以實現以上所說的這些事情，甚至還有更多，但是這些情況並不能解釋直立行走是如何發生的（更不用說是為什麼發生了）。事實上，還有兩件事似乎根本不利於這種情況的發生。

首先，許多動物雖然完全用四隻腳走路，卻還是能好好的抱住孩子、製造工具、攜帶食物、在水中移動等等。黑猩猩，乃至於一些猴子，還會製造工具——其複雜程度甚或堪比最早製造工具的古人類的作品——並不需要永久解放牠們的雙手；甚至連「靈長類考古學」——發掘過去由猿猴製造的工具——也已經成為一門新興的專業[59]。許多猴類，例如狒狒，即便生活在開闊的鄉野，仍堅持以四足行走。

其次，要直挺挺地站著並不是一件簡單的事。那些可以短時間站立的哺乳類動物（如：猿類、熊、貓鼬或表演犬等）覺得站著很累人，所以很快就會恢復四腳著地的狀態。要養成雙足行走的習慣需要對身體進行徹底的重新設計。一切從脊椎開始。

五億多年前，當魚類最早的祖先演化出脊椎時，就像一根水平橫梁，固定並支撐體壁的肌肉，同時充當懸掛其他內臟器官的吊架。脊椎的存在定義了脊椎動物——我們人類就屬於此一龐大的動物群。幾乎所有脊椎動物的脊椎都是水平的，甚至許多雙足的爬蟲類動物——

包括恐龍，當然還有鳥類——也是如此。恐龍以長尾巴做為平衡的砝碼，讓臀部前方呈水平狀態的身體部位保持平衡，藉此用雙腳走路。鳥類的尾巴很短，但是牠們始終保持不尋常的蹲伏姿勢，且在後肢膝蓋處永久彎曲，藉以維持水平的脊椎。

古人類為了採取直立姿勢，將脊椎旋轉了九十度——從拉伸的水平橫梁變成了受到壓迫的垂直桿。我必須再三強調，這是一次徹底的改變，這一點非常重要。那麼，問題並不在於為什麼古人類會變成兩足動物，而是他們為何會讓自己陷入如此危險的演化困境，以至於別無其他選擇。

一個可能的原因就是沒有尾巴。猿與猴不同之處，在於牠們沒有尾巴。大多數猴子都有長尾巴，可以在攀爬和保持平衡時作為平衡的砝碼，就像走鋼索的人使用長桿一樣。在熱帶美洲所謂的「新大陸」猴子（與歐亞大陸和非洲的「舊大陸」猴類及猿類只有遠親關係）中，尾巴已經成為第五肢，能夠獨立抓住樹枝。無可否認的，有些猴類，如狒狒和獼猴，只有短尾巴，但是這些物種已經適應了地面上的生活——牠們仍然堅持用四足行走。

---

58 所謂「水生猿」假設的其中一個觀點，或許是以後見之明解釋人類適應性的最詳盡方案。其他據稱與水生生物有關的適應性，包括脂肪含量高、人類鼻竇的形狀、嬰兒游泳的能力和體毛較少等。參見 Morgan, A., *The Aquatic Ape Hypothesis* (London: Souvenir Press, 1997)。我無意貶抑那些狂熱支持此一觀點的人，他們當然有權表達自己的觀點，因此，我在自己的書房裡將此書歸類於「科幻小說與幻想」類。

59 Haslam, M., *et al.*, Primate archaeology evolves, *Nature Ecology & Evolution* **1**, 1431-7, 2017。

那麼，在地面生活會是猿類失去尾巴的原因嗎？答案是否定的，因為即使沒有尾巴，猿類仍是森林動物，牠們一生中的大部分時間都在樹上度過，並且已經找到了沒有尾巴也能在樹上行動的方法。紅毛猩猩用四肢當手，協助牠們在樹枝間攀爬；長臂猿懸掛在樹枝下，用長長的手臂在樹枝間擺來盪去。猿類不僅沒有尾巴，一般來說體型也比猴類大，而體型增大可能就是古人類採用雙足行走的關鍵因素。由於體型過大，猿類無法在樹枝間奔跑或跳躍，因此牠們必須懸掛在樹枝上並在樹枝下擺來盪去，或是在樹枝間攀爬。或許正是這樣的生活方式讓能夠同時採取直立和水平姿勢的動物占有更大的優勢。正如我在前文所討論的，河神古猿——在距今一千二百萬到一千一百萬年前、生活在現今巴伐利亞地區的一種猿類——似乎天生就適合在樹枝間攀爬，而不是在樹枝上行走，這種生活方式預告了雙足行走。古人類生活在一個樹木越來越稀少的世界，又因為他們猿類祖先的緣故失去了尾巴，無法利用尾巴來保持平衡，再加上體型比猴類還要大——古人類別無選擇，只能用後腿站立起來行走。

直立行走：身體的重新設計

雙足行走具有天生的危險性。任何人只要看過用三條腿奔跑的狗都可以證實，一些四足動物在失去一條腿之後至少都還能行走，甚至能夠奔跑；然而，對於兩足動物來說，喪失一肢甚或是暫時性受傷，都會讓牠們變得幾乎完全無法動彈，因此更容易受到掠食者的攻擊。一旦古人類演化成兩足動物，就必須充分掌握這項技能，而且要非常迅速。正如我在前文所述，阿法南方古猿的足跡顯示，三百萬多年前，古人類就已經以現代的方式走路了。在幾百萬年的時間裡，古人類已經將自己的身體重新打造成垂直的，而不是水平的。

在頭部，重新定位枕骨大孔只是一個開始而已。智人還具有一條韌帶，將頭骨後部連接到脊椎，確保頭部不會下垂。他的脊椎具有四足動物沒有的明顯彎曲：在胸廓的部位略微向後彎曲，在腹部又向前彎曲，然後在與骨盆連接處再次明顯地向後彎曲。骨盆本身變得比較短、比較寬，並且明顯地向外開展，連接巨大的臀大肌——「臀大肌」形成了人類的大屁股，有助於保持身體直立。一般來說，古人類的腿比手臂長，到了末端逐漸變細。任何人只要嘗試穿著大靴子或沾滿泥巴的靴子走路都會知道，相較於小腿肌肉沉重或腳很大的人，四肢末端較小或較輕的人在行走時會更省力，他的雙膝靠得更近，將重量集中在垂直中線附近，這樣左右移動時浪費的能量較少。此外，腿部肌腱有助於重新捕獲並利用每一步所消耗的能量，為下一步提供動力[60]。因此，人類行走的耗能極少。這也就解釋了為什麼你必須走很長、很長

---

60 我的精神導師麥克尼爾・亞歷山大教授是此一領域的先驅，率先研究肌腱在運動時能夠儲存和釋放彈性變能（elastic strain energy）的機制。

的路才能消耗掉多餘的卡路里。

這只是開始而已。在上層的機械性構造之下，還有看不見的神經和肌肉控制系統，必須以無與倫比的精確，隨時監控身體的姿勢，並且將這些姿勢的訊號傳遞到大腦，讓大腦在一瞬間發出訊號來糾正姿勢。這是因為兩條腿走路遠不如四條腿走路穩定，每跨出一步就等於只有一隻腳在地上，這本身就會導致整個身體失去平衡，因此大腦和身體必須清楚地了解身體在空間中的位置以及要去哪裡，才能防止身體在做一些看似非常簡單的事情時——例如向前邁進一步——整個傾倒。

然而，雙足行走會對健康造成巨大的影響。僅靠兩條腿保持平衡的垂直結構，必須付出沉重的代價來對抗重力，對背部、膝蓋、臀部和腳部的傷害極大，這是四足動物大多可以避免的，例如，黑猩猩和大猩猩罹患退化性關節病的機率就比人類小得多[61]。人類的女性就像在走鋼索，一邊是高效行走所需的窄骨盆，另一邊則是為了在產下大胎兒時所需的寬骨盆。女性的體重和體形在懷孕期間不斷變化，導致下背部產生特殊的適應作用[62]。懷孕的女性因為體重和平衡點會不斷變化，所以時刻都需要保持平衡。這種平衡並不完美，因為與我們最親近的猿類親戚相比，胎兒出生相對較早，可能會對以後的健康產生不良的影響，例如中耳問題[63]。

即使經過七百萬年的演化努力，已經讓雙足行走達到最佳狀態，對於所有以雙足行走的人類而言，無論性別，也無論是否懷孕，用兩隻腳走路都要付出代價。對於像人類這樣的兩足動物來說，其重量集中在垂直中線附近，行走時所有力量——例如透過腳與地面接觸傳遞的力量——都會直接傳遞到腿部和脊椎。這意味著雙腳行走對身體的許多部位都會造成直接的衝擊，從腳往上到膝蓋、臀部和背部，甚至還到頸部和頭部。背痛至今仍是世界上導致勞工缺勤的最常見原因之一。即使是身體健康、沒有背痛問題的兩足動物，其心臟和血管也必須克服重力，才能確保血液均勻地流向身體的各個部位，不會聚集在腹部或腳部。這個系統失靈通常會造成高血壓[64]和靜脈曲張等問題，歸根究底，其根本原因還是出在以雙足行走。從疝氣到痔瘡，雙足行走是很多問題的罪魁禍首[65]。

如此說來，像習慣性以雙足行走這樣徹底轉變的快速演化，就無可避免是一種希思·羅

---

61 Jurmain, R., Degenerative joint disease in African great apes: an evolutionary perspective, *Journal of Human Evolution* **39**, 185-203, 2000。

62 Whitcome, K. K., *et al.*, Fetal load and the evolution of lumbar lordosis in humans, *Nature* **450**, 1075-8, 2007。

63 Bluestone, C. and Swarts, J. D., Human evolutionary history: consequences for the pathogenesis of otitis media, *Otolaryngology–Head and Neck Surgery* **143**, 739-44, 2010; Bluestone, C. D., Humans are born too soon: impact on pediatric otolaryngology, *International Journal of Pediatric Otorhinolaryngology* **69**, 1-8, 2005。

64 Esler, M., *et al.*, Consequences of the evolutionary cardiovascular challenge of human bipedalism: orthostatic intolerance syndromes, orthostatic hypertension, *Journal of Hypertension* **27**, 2333-40, 2019。

65 Fay, J. C., Disease consequences of human adaptation, *Applied and Translational Genomics* **2**, 42-7, 2013。

賓遜式（Heath Robinson）的設計[66]。這證明了演化力量尚無法至臻完美，人類再好也只能到這個地步。不過以雙足行走的代價卻在人類演化史留下創傷，甚至在演化出智人之前，這個以雙足行走的怪異習慣就給人類的生活帶來永遠無法完全擺脫的負擔。

66 對美國讀者來說，則是魯布・戈德堡式（Rube Goldberg）的設計。（譯註：希思・羅賓遜與魯布・戈德堡分別是英美兩國的漫畫家，皆以繪製一些異想天開卻不實用的器械聞名，後來用兩人的名字來形容一些結構精巧繁複卻沒什麼用途的東西。）

02 人屬生物
The Genus *Homo*

阿塔薛西斯（Artaxerxes）曾在帕提亞帝國（Parthians）最後一位國王阿爾塔班（Artaban）的軍隊中服役，戰功顯赫，但是後來卻因國王的忘恩負義而被迫流亡叛亂，這是對功高震主之人常見的獎賞。

——愛德華．吉朋，《羅馬帝國衰亡史》

我想在本書特別凸顯一件事：人類，以及我們概稱的古人類，喜歡迎接挑戰。儘管是用雙足行走（有些人可能會說，正是因為用雙足行走），古人類還是在距今約五百三十萬至兩百八十萬年前的上新世（Pliocene epoch）持續演化出多樣物種。當時非洲的氣候變得更乾燥，森林逐漸被更多混合了乾燥草原與臨近水源、河流的零星樹叢所取代。在此期間，古人類遍及全非洲，從非洲中西部的查德到東部的東非大裂谷，再到南非的「人類搖籃」[67]，都可以找到他們的遺骸。他們開始使用工具。起初，只不過是一些碎石子[68]，用來砸碎骨頭汲取營養的骨髓，或用來敲打肉類和搗碎植物以使其更可口[69]。在距今三百多萬年的動物骨頭發現了特別的刮痕，是人為屠宰的痕跡[70]。南方古猿屬（Australopithecus）是一群以雙足行走的機會主義食腐動物，與古人類的另一個屬——傍人屬（Paranthropus）——合而為一。

傍人跟今天的大猩猩一樣，是一種專門吃素的動物。他有巨大的牙齒來磨碎根莖與堅果，還有大肚子來消化這些食物；他也跟南方古猿一樣，會用石頭來敲打生食使其柔軟多汁。傍人與大猩猩不同之處，在於他生長在逐漸乾燥的地球上，面對的是開闊的平原和偶爾才出現的林蔭；而他又與其他生活在平原的草食動物不同——我們能想到的是斑馬、瞪羚、牛羚，甚至狒狒——傍人一直很稀有，以類似大猩猩的小型家族群聚為主。身為素食主義者，又在貧瘠的平原上以少量的小群體生活，簡直就是在生命牌局中抽到一手爛牌。隨著氣候持續乾燥，傍人的生存變得愈來愈無以為繼，最終在五十多萬年前從化石紀錄中消失了。令人訝異的是他們竟然還撐了這麼久！

到了大約兩百五十萬年前，非洲已經變得非常乾燥，雨林面積不斷縮小，氣候再次明顯惡化。當時，非洲出現了一種新的古人類——也就是我們人類的首批成員，即人屬（*Homo*）[71]。人屬生物是一種與傍人屬完全不同的生命，不會專門吃素，反而是專門吃肉，他們不但食用腐肉，還會積極尋找獵物。在這個日益惡劣的世界裡，每一口肉所含的熱量都比植物高。然而，狩獵也需要更高的智慧。植物雖然堅韌且多刺，可是它們不會逃跑。只不過，人屬的第一批生物——如巧人（*Homo habilis*）——只是與南方古猿相差無幾的變種，有些還向後退了一步，甚至向上撤退了兩步，返回樹上生活[72]。

---

67 有關南方古猿屬的詳盡描述，請參閱 Alemseged, Z., Reappraising the palaeobiology of *Australopithecus*, *Nature* **617**, 45-54, 2023。

68 Harmand, S., Lewis, J., Feibel, C., *et al.*, 3.3-million-year-old stone tools from Lomekwi 3, West Turkana, Kenya, *Nature* **521**, 310–5, 2015, https://doi.org/10.1038/nature14464。

69 Zink, K., Lieberman, D., Impact of meat and Lower Palaeolithic food processing techniques on chewing in humans, *Nature* **531**, 500–3, 2016, https://doi.org/10.1038/nature16990。

70 McPherron, S., Alemseged, Z., Marean, C., *et al.*, Evidence for stone-tool-assisted consumption of animal tissues before 3.39 million years ago at Dikika, Ethiopia, *Nature* **466**, 857–60, 2010, https://doi.org/10.1038/nature09248。

71 Villmoare, B. *et al.*, Early *Homo* at 2.8 Ma from Ledi-Geraru, Afar, Ethiopia, *Science* **347**, 1352-5, 2015, https://doi.org/10.1126/science.aaa1343。

72 Spoor, F., Wood, B., and Zonneveld, F., Implications of early hominid labyrinthine morphology for evolution of human bipedal locomotion, *Nature* **369**, 645–8, 1994, https://doi.org/10.1038/369645a0。

直立人：第一個離開非洲的古人類

後來，一種如今被稱為直立人的生物開創了新的演化途徑，成為在地面上生活且集體狩獵的食肉動物。一百六十萬年前，一個生活在現今肯亞的直立人青年留下了骨骼[73]，與南方古猿形成了鮮明的對比。他身材高大，腿長，體形瘦削，與身材矮胖、大腹便便、長臂短腿的南方古猿或更早期的人屬物種截然不同。他的腳牢牢地踩在地上，這一次下地，就再也不曾回到樹上了。一旦腳踏實地之後，他就發現了一種新的步態，因為直立人發現自己不但能夠行走，而且還能奔跑[74]。而他確實也跑了一哩又一哩，身形愈來愈挺直，四肢愈來愈長，體毛也愈來愈少，讓他能夠在熱帶高溫下進行耐力賽，追捕獵物。這些獵物在短距離內可能比這位身形瘦長的獵人跑得更快，但是隨著距離增加，終究還是不耐高溫，遭到獵殺。

直立人屬於古人類，卻不僅僅是用雙腳走路的黑猩猩或廉價的大猩猩。他是第一個會製作精美石器工具的古人類，也馴服了火，會用火烤肉，還在貝殼上雕刻出符號[75]，甚至會造船。然而，他也不完全是人類。他製作的工具雖然精美，卻表現出一種相同性與重複性，顯示這是出於本能而非刻意的製作。在這個過程中，他一直奔跑、奔跑，追趕著獵物，穿過幾乎覆蓋整個非洲、大部分南歐以及西亞和南亞地區無邊無際的大草原。據我們所知，直立人是第一個離開非洲的古人類。在中國出土的石器工具可以追溯到兩百多萬年前，顯示直立人移動的範圍很廣，奔跑的速度也很快[76]。

他一邊跑，還一邊演化。在非洲以外地區，目前已知最早的古人類骨骼遺骸是在高加索山區發現的，距今約一百八十萬年前[77]，這些古人類看起來很小，也很原始。不過，他們很快就長得又高又壯。在歐洲發現的海德堡人（*Homo heidelbergensis*）幾乎與現代智人一樣高，而且體型也相當壯碩。隨著氣候進一步惡化，眼看著冰河就要覆蓋整個北方大陸，古人類也變得愈來愈結實，足跡甚至最北還拓展到英格蘭東部。

位於英格蘭東部諾福克郡（Norfolk）北部海岸的哈茲波洛村（Happisburgh），長期以

---

73 Brown, F., Harris, J., Leakey, R., *et al.*, Early *Homo erectus* skeleton from west Lake Turkana, Kenya, *Nature* **316**, 788–92, 1985, https://doi.org/10.1038/316788a0。

74 Bramble, D., Lieberman, D., Endurance running and the evolution of *Homo*, *Nature* **432**, 345–52 2004, https://doi.org/10.1038/nature03052。

75 Joordens, J. C. A., *et al.*, *Homo erectus* at Trinil on Java used shells for tool production and engraving, *Nature* **518**, 228-31, 2015。

76 Zhu, Z., Hominin occupation of the Chinese Loess Plateau since about 2.1 million years ago, *Nature* **559**, 608-12, 2018。

77 Gabunia, L., and Vekua, A., A Plio-Pleistocene from Dmanisi, East Georgia, Caucasus, *Nature* **373**, 509-12, 1995。

來一直都是觀光勝地。亞瑟·柯南·道爾爵士（Sir Arthur Conan Doyle）曾經下榻哈茲波洛村的希爾之家酒館（Hill House Inn），並在那裡創作了一篇福爾摩斯的故事，〈小舞人探案〉（The Adventure of the Dancing Men）[78]。在諾福克郡北部遊覽時，最好安排一些室內活動的備案，因為那裡的氣候變化多端，多風又寒冷。但是亙古以來，人們一直青睞這個安靜的地方。

大約八十萬年前，直立人的部分後裔在此宿營安生[79]。那可能是一種稱為「先驅人」的物種，大約同一時期也生活在西班牙[80]。冰河時期氣候變遷的急劇轉變，意味著歐洲普遍的酷寒氣候中間會短暫穿插著近乎熱帶的天氣。曾經有一段時間，在後來成為倫敦市中心的特拉法加廣場（Trafalgar Square），會有獅子追捕獵物；鬣狗在約克郡（Yorkshire）建立巢穴；河馬在蒂斯河（River Tees）裡打滾。不過值得注意的是，哈茲波洛村的古人類造訪此地時並不是風和日麗的好天氣，當時的氣候並不比現在溫暖：今天，如果你想替臉部去除角質，只要在一月到哈茲波洛海邊，迎著海風吹即可。

歐亞大陸的尼安德塔人

大約三十五萬年前，一群直立人生活在西班牙北部的洞穴中[81]。他們的體格比非洲的祖先強壯得多，也即將成為第一批尼安德塔人——冰河時期穴居人的巔峰時代。

尼安德塔人分布在歐亞大陸，他們的祖先在此之前一直喜歡生活在熱帶地區。為了適應嚴酷的寒冷天氣，他們不但演化出厚實、強健的體格，也開始改變環境以求生存。他們不再外出忍受冰河的酷寒，而是開始在洞穴和岩石庇護下深居簡出，深入經營室內生活，只有在打獵時才會出來。他們在洞穴中發展出豐富的精神生活——這與他們較大的大腦相互輝映，他們的大腦平均比我們的大腦都要更大。他們在沒有日照的洞穴內搭建築物[82]，尊敬長輩，埋葬死者。這些穴居人與自由奔跑、追逐羚羊的直立人之間有難以想像的差異。然而，儘管他

---

78 柯南．道爾可能早已不在人世，不過希爾之家酒館依然屹立不搖。

79 Parfitt, S., Ashton, N., Lewis, S., *et al.*, Early Pleistocene human occupation at the edge of the boreal zone in northwest Europe, *Nature* **466**, 229–33, 2010; Ashton, N., Lewis, S. G., De Groote, I., Duffy, S. M., Bates, M., Bates, R., *et al.*, Hominin footprints from early Pleistocene deposits at Happisburgh, UK, *PLoS ONE* **9**(2), e88329, 2014, https://doi.org/10.1371/journal.pone.0088329。

80 Carbonell, E., Bermúdez de Castro, J., Parés, J., *et al.*, The first first hominin of Europe, *Nature* **452**, 465–469, 2008; Bermúdez de Castro, J. M., *et al.*, A hominid from the Lower Pleistocene of Atapuerca, Spain: possible ancestor to Neandertals and modern humans, *Science* **276**, 1392–5, 1997, http://doi.

81 Arsuaga, J.-L. *et al.*, Three new human skulls from the Sima de los Huesos Middle Pleistocene site in Sierra de Atapuerca, Spain, *Nature* **362**, 534-7, 1993。

82 Jaubert, J., Verheyden, S., Genty, D., *et al.*, Early Neanderthal constructions deep in Bruniquel Cave in southwestern France, *Nature* **534**, 111–4, 2016, https://doi.org/10.1038/nature18291。

們存續了三十多萬年，卻遭逢與所有古人類一樣的災厄——也就是數量太少、太稀有了。由於尼安德塔人的活動範圍很小，各部落之間也很少相互交流，因此變得有點近親繁殖[83]。他們永遠都處於踏上通往毀滅這條不歸路的邊緣。

數量稀少、分布疏離的族群是演化改變的最愛。隨著直立人遍布各大洲，逐漸演化出一個不同形態的奇妙世界，而不是只有海德堡人和尼安德塔人。一百萬年前，歐亞大陸與托爾金筆下的中土世界非常接近，成為各種似人生物的家園。他們都是直立人的後裔。

東亞的直立人後裔

因為在那個時候，地球上有巨人。龍人（*Homo longi*）是從一九三〇年代在中國東北找到的一具頭骨所發現的物種，他們至少跟現代的任何人一樣高大壯碩[84]。那是生活在東亞的幾個不同人類物種之一，這些物種存續的時間約在兩百多萬年前直立人到來之後，以及又過了約兩百萬年後智人出現之前。

其中一個物種是丹尼索瓦人。這些人類是尼安德塔人的近親，其名字源自西伯利亞阿爾泰山脈（Altai Mountains）的丹尼索瓦洞穴（Denisova Cave），他們存在的證據最早就是在這裡發現的，他們演化的環境是地球上除了極地之外最險惡的環境——西藏高原。如果有任何生物看到神話中的喜馬拉雅雪人（Yeti）或「可惡的雪人」，那就是他了。

最令人好奇的仍屬東南亞島嶼上的哈比人——來自菲律賓的呂宋人[85]和來自弗洛勒斯島（位於現在的印尼）的弗洛勒斯人[86]。這些人的身材矮小，身高大約不超過一公尺，是直立人群體的後裔，飄洋過海來到了這些遙遠的地區，就再也回不去了。

因為物種的身形會因應環境改變，而島嶼生活讓這些物種產生奇特的變化。小型生物變得更大，大型物種卻反而變小。呂宋人捕獵小犀牛；弗洛勒斯人的生活中則可以看到體型像小馬一樣的侏儒象以及體型像梗犬一樣的巨鼠。但是他們若是遇到科摩多龍（Komodo）則避之唯恐不及，因為現在就已經很恐怖的巨蜥，在那個時候的體型還要更大上許多；這些哈比人跟現實生活中的龍一起生活在島嶼上。他們也跟直立人一樣會製作石器工具，只是尺寸較小。

83 Skov, L., Peyrégne, S., Popli, D., *et al.*, Genetic insights into the social organization of Neanderthals, *Nature* **610**, 519–25, 2022。

84 Ni, X., *et al.*, Massive cranium from Harbin in northeastern China establishes a new Middle Pleistocene human lineage, *Innovation* **2**, 100130, 2021。

85 Détroit, F., *et al.*, A new species of Homo from the Late Pleistocene of the Philippines, *Nature* **568**, 181-6, 2019。

86 Brown, P. *et al.*, A new small-bodied hominin from the Late Pleistocene of Flores, Indonesia, *Nature* **431**, 1055-61, 2004。

弗洛勒斯人的祖先在一百多萬年前來到弗洛勒斯島。他們是如何到達那裡的，至今仍然是一個謎。在冰河時期最寒冷的那段時間，世界上的冰川和巨大的極地冰蓋吸收了地球上大量的水，導致海平面比現在低了一百多公尺，這意味著我們現在看到的島嶼曾經以低窪的陸橋相互連接，也解釋了為什麼先驅人可以步行到不列顛，直立人可以走到爪哇卻不會沾濕雙腳。不過，弗洛勒斯島與鄰島之間隔著一條深水海峽，而且一直處於斷絕狀態，因此直立人的祖先要不是偶然被風吹到那裡（因為這種事在自然界中確實會發生），再不然就是他們會造船。只是當他們被困在島上之後，逐漸失去了造船的天賦，而演化也無情地進行下去。最後一位弗洛勒斯人生活在大約五萬年前，與智人到達該島的時間一致，如今唯一倖存下來的——或許吧——就只有當地傳說中住在偏遠鄉村的神祕小矮人埃布戈戈（Ebu Gogo）了。

非洲：所有人類的故鄉

今天，在民族傳統、語言分歧與遺傳方面最多樣化的大陸就是非洲——畢竟，那裡是所有人類的故鄉。如果說直立人離開非洲之後，故鄉就變得荒蕪了，這種說法並不正確，因為演化也在當地持續進行，並形成了體型獨特的古人類，儘管我們對這些人類的了解很少，甚至還比不上我們對歐洲和亞洲極其多樣化的哈比人、龍人、雪人和穴居人的些許知識。羅德西亞人（*Homo rhodesiensis*）是從現今贊比亞礦場挖掘出來的一個古老古人類頭骨發現的物種，生活在大約三十萬年前[87]；在南非一個洞穴深處發現的納萊迪人（*Homo naledi*）骨骼，也差不多是相同的年代[88]。只不過，前者又大又結實；後者的體型較小，大腦也較小，解剖結構與更早之前的古人類比較一致。另外還有在奈及利亞的伊荷埃勒魯（Iho Eleru）找到的頭骨，雖然看起來很古老，不過事實上他們的年代可能更近——還不到兩萬年。顯然，早在三十多萬年前，當我們人類——智人——出現在非洲時，那裡就已經是許多不同人類物種的故鄉了[89]。

我必須再次強調：雖然我們已知的人類物種有各式各樣的形態，卻也只是原本可能存在

87 Grün, R., Pike, A., McDermott, F., *et al.*, Dating the skull from Broken Hill, Zambia, and its position in human evolution, *Nature* **580**, 372–5, 2020, https://doi.org/10.1038/s41586-020-2165-4。

88 Dirks, P. H. G. M., *et al.*, The age of *Homo naledi* and associated sediments in the Rising Star Cave, South Africa, *eLife* **6**, e24231, 2017。

89 Bergström, A., Stringer, C., Hajdinjak, M., *et al.*, Origins of modern human ancestry, *Nature* **590**, 229–37, 2021, https://doi.org/10.1038/s41586-021-03244-5。

的一小部分而已。因為人類數量總是稀少，而其後代的演化進程又變化多端。有些人類物種早已滅絕，我們只能透過遺留在現代人類的 DNA 特徵來認識他們，而不是透過實際挖掘到的遺骸。對丹尼索瓦人來說，情況確實如此：整個物種只剩下幾顆牙齒、一塊下頜骨和極小的骨頭碎片，數量太少，無法構建出他們在世時的可靠面貌。不過現在的技術已經能夠從一根不起眼的指骨中，讀取丹尼索瓦人的整個 DNA 序列[90]——足以證明丹尼索瓦人藉由後來的雜交，在如今生活在東南亞的許多人類基因中留下了自己的印記[91]。他們留下了一種基因，讓現代西藏人能夠在世界屋脊的稀薄空氣中輕鬆呼吸[92]，這是這種了不起的古人類山地祖先遺留的痕跡。還有一些甚至更不為人所知的古人類，只有現代非洲人體內還帶有他們的一些基因，顯示他們更早前曾經與非洲獨有的人類物種雜交，卻完全不曾留下任何實際存在過的跡象。

呈現出來的畫面是一群多樣化的物種分布在廣闊的區域，但是分布得很稀疏——稀疏到讓他們偶爾會一起消失。對於生活在非常小群體中的生物來說，演化毫不留情地造成了損失。

數大便是安全。生活在大群體中的生物可以抵禦偶爾發生的災難，而小群體則容易成為偶發事件的犧牲品。而且生活在小群體中還有看不見的遺傳成本，因為近親繁殖會成為一個問題，暴露出在較大群體中原本極為罕見或隱藏的遺傳疾病。

近親繁殖危害小群體生物

最著名的近親繁殖案例或許非哈布斯堡（Habsburg）王朝[93]莫屬，這個王室家族在數世紀以來為歐洲提供了不少國王和統治者。近親聯姻是將各種財產保留在家族內部的一種方式。在一四五〇年至一七五〇年間，哈布斯堡王朝共舉辦了七十三場婚禮，其中有許多都是近親之間的結合。例如，有四對是叔姪之間的婚姻，有兩對新人的父母是堂表親，還有一對夫婦則是父母和祖父母都是堂表親。如果將哈布斯堡王朝的所有婚姻全部納入計算，他們的近親

90 Reich, D., *et al.*, Genetic history of an archaic hominin group from Denisova Cave in Siberia, *Nature* **468**, 1053-60, 2010。

91 Reich, D., *et al.*, Denisova admixture and the first modern human dispersals into southeast Asia and Oceania, *American Journal of Human Genetics* **89**, 516-28, 2011。

92 Huerta-Sánchez, E., *et al.*, Altitude adaptation in Tibetans caused by introgression of Denisovan-like DNA, *Nature* **512**, 194-7, 2014。

93 Ceballos, F. C., and Álvarez, G., Royal dynasties as human inbreeding laboratories: the Habsburgs, *Heredity* **111**, 114-21, 2013; Álvarez, G., *et al.*, The role of inbreeding in the extinction of a European royal dynasty, *PLoS ONE* **4**, e5174, 2009。

繁殖程度平均比隔代堂表親的聯姻更接近。近親繁殖會導致一種稱為「近交衰退」（inbreeding depression）的普遍現象，直白地說，就是與所有人口相比，他們在嬰兒或童年期，或者說在能夠生兒育女之前就死亡的人數顯著增加。

哈布斯堡王朝最出名的近親繁殖家族是西班牙分支，他們在一五一六年至一七〇〇年間霸占西班牙王位。最後一位屬於哈布斯堡王朝的西班牙國王是查爾斯二世，因為身患多種疾病與殘缺，因此有「*El Hechizado*」的稱號（意思是受到魔法詛咒的人）。他發育不良、身體瘦弱，但是頭部卻異常的大，四歲才學會說話，八歲才會走路。他經常腹瀉嘔吐，而且隨著年齡的增長，還出現了幻覺和抽搐。他去世時年僅三十八歲，但是看起來卻更蒼老。他跟許多哈布斯堡家族成員一樣，下巴和下顎異常突出，意味著他的牙齒咬合不正，導致進食困難。他結過兩次婚，卻都沒有子嗣。在他死後，西班牙的哈布斯堡王朝宣告滅亡，西班牙沒有了國王。如果還有人認為近親繁殖不會造成嚴重的後果，那麼我可以告訴你：這個事件引發了西班牙王位的繼承戰爭（一七〇〇－一七一四），這是一場全球超級強權的衝突，涉及十六個國家，導致四十萬人死於戰鬥，一百多萬人死於疾病。

我們無從得知可憐的查爾斯有多少問題是由近親繁殖造成的——只有在獲得他的 DNA 之後才可能知道——但是從他錯綜複雜的家譜脈絡卻能略知一二。他的父親西班牙國王菲利普四世，也是他的母親奧地利公主瑪麗亞娜的叔叔；瑪麗亞娜又是神聖羅馬帝國皇帝斐迪南三世和他的妻子西班牙的瑪麗亞安娜的女兒，而瑪麗亞安娜不但是斐迪南的堂妹，也是查爾斯的父親菲利普四世的妹妹；菲利普四世是菲利普三世及其隔代表妹奧地利的瑪格麗特的兒子，而瑪格麗特則是皇帝斐迪南二世的妹妹。這位斐迪南二世娶了他的表妹巴伐利亞的瑪麗亞安娜，她又是一對隔代堂表親所生的女兒，而他們的孩子就是斐迪南三世。斐迪南二世是叔姪聯姻所生的孩子，菲利普三世也是。查爾斯的家族血統看起來不像是家譜，倒更像是一團遭到一窩小貓攻擊的毛線球。

高度近親繁殖的族群也有可能經得起遺傳疾病的侵害，因為到最後，所有帶有遺傳疾病的人都會滅絕，不會留下任何後代。哈布斯堡王朝的情況似乎就是如此，在他們統治的幾個世紀中，早期（一四五〇－一六〇〇）似乎比後期（一六〇〇－一八〇〇）更容易出現近交衰退。然而，如果疾病是隱性的，這種逐漸衰退的過程可能會花很長時間，而他們遭受的情感與個人損失更是難以想像。到那個時候，即使族群能夠避免滅絕，最終留下來的群體就算不會出現疾病，也會變得極為相似。在群體之外尋找配偶就顯得更重要了，否則一旦出現某種新的疾病或類似的災難，就足以消滅整個同質性相當高的家族。又或者他們僅僅是因為倖存的成員體弱多病，導致子嗣根本就無法存活到可以生兒育女的年齡而遭到滅絕，就像查爾斯那樣。

我們應該說，哈布斯堡家族是很特殊的案例，因為他們是歐洲最顯赫的王室家族，所以血統系譜都有詳細的記載。其實，在非洲和亞洲的許多地方，近親聯姻也很常見（也就是隔代堂表親甚或更近血緣關係之間的婚姻）。例如，一項針對巴基斯坦五千個軍人家庭的調查顯示，超過四分之三（七十七%）的婚姻是近親聯姻，其中有六十二·五%的婚姻是堂表親之間的聯姻——與無近親關係的父母所生的孩子相比，此類婚姻的子女患有先天性缺陷的機率更高[94]。這並非個案。因為只有在當代西方社會，近親結婚才不被認可，這大概是因為西方科學和醫學對遺傳機制有了更多的認識。說來或許很諷刺，進化論之父查爾斯·達爾文（Charles Darwin）明明有意識到近親繁殖的後果，但是卻娶了他的表姐艾瑪·韋奇伍德（Emma Wedgwood）。達爾文家族和韋奇伍德家族透過一系列婚姻而聯繫在一起，其中一些是近親聯姻。查爾斯和艾瑪子女的高死亡率（十個小孩有三個在童年時期死亡）可能與近交衰退有關——令人心痛的是，達爾文非常清楚這種可能性[95]。

對早期古人類來說，尋找群體外的配偶對於生存至關重要。在所有靈長類動物中，雌性傾向與群體外的雄性交配，並與配偶的群體一起生活。據目前所知，南方古猿[96]和尼安德塔人[97]都是如此。每逢節日，小群體都會聚在一起唱歌、跳舞、講笑話，最重要的是，為符合條件的年輕人找尋對象。但是，如果群體分散得太開，相距太遠，以致失去所有聯繫，那麼群體就只能自求多福，一個接著一個消失，直到全部滅絕。

在非洲，大約就在尼安德塔人開始在歐洲出現的同時，我們這個物種——智人——也出現了。最早出現的證據來自摩洛哥，距今約三十一萬五千年[98]。當時，智人只是眾多人類物種之一。即使在非洲，其他物種，如羅德西亞人、納萊迪人，甚至更多，也像薄薄的鹽粒一樣散布在這片廣闊的大陸上。當時有誰能想到，有一天智人會統治整個地球，並使所有其他古人類——甚至還有其他許多物種——走向滅絕呢？

---

94 Hashmi, M. A., Frequency of consanguinity and its effect on congenital malformation – a hospital based study, *Journal of the Pakistan Medical Association* **47**, 75-8, 1997。

95 Berra, T. M., *et al.*, Was the Darwin/Wedgwood dynasty adversely affected by consanguinity? *BioScience* **60**, 376-83, 2010。

96 Copeland, S., Sponheimer, M., de Ruiter, D., *et al.*, Strontium isotope evidence for landscape use by early hominins. *Nature* **474**, 76–8, 2011, https://doi.org/10.1038/nature10149。

97 Skov, L., Peyrégne, S., Popli, D., *et al.*, Genetic insights into the social organization of Neanderthals. *Nature* **610**, 519–25, 2022, https://doi.org/10.1038/s41586-022-05283-y。

98 Hublin, J. J., Ben-Ncer, A., Bailey, S., *et al.*, New fossils from Jebel Irhoud, Morocco and the pan-African origin of *Homo sapiens*, *Nature* **546**, 289–92, 2017, https://doi.org/10.1038/nature22336; Richter, D., Grün, R., Joannes-Boyau, R., *et al.*, The age of the hominin fossils from Jebel Irhoud, Morocco, and the origins of the Middle Stone Age. *Nature* **546**, 293–6, 2017, https://doi.org/10.1038/nature22335。

03 最後的祖先 Last Among Equals

若說九世紀和十世紀是黑暗年代，那麼十三世紀和十四世紀則是荒誕和寓言的時代。

——愛德華．吉朋，《羅馬帝國衰亡史》

數百萬年來，稀有而珍貴的化石骨骼碎片幾乎是人類演化的全部紀錄。隨著我們智人這個物種的演化，還有其他證據可以參考——當今人類的基因[99]。

我們的基因是遺傳的直接紀錄。儘管使用基因來推斷祖先會出現許多問題，但是仍然可以在現今存活之人的遺傳密碼中檢測到歷史印記的痕跡。實際上，這就是已故的現代遺傳學先驅艾倫．威爾遜（Allan Wilson）及其同僚馬克．史東金（Mark Stoneking）和蕾貝嘉．坎恩（Rebecca Cann）在一九八七年進行的一項研究所披露的故事。他們研究方法的基礎仰賴一項已知特性，就是遺傳物質在演化過程中會以可估計的速率發生變化，即突變。藉由比對一百四十七位現存人類遺傳物質的異同進行分類，他們發現：所有現代人類的祖先都可以追溯到非洲，尤其是大約二十萬年前的一位女性。給她命名為「夏娃」一點也不過[100]。

但是，在我們一頭栽進強而有力的聖經隱喻之前，先稍微回顧一下。首先，什麼是遺傳密碼？

在我們體內數兆個細胞的中心深處——或稱為細胞核[101]——都有一本微型書籍，其中包含著有關維持細胞、組織和身體健康的說明。這本書的形式是一條長長的、類似線狀的物質，叫做DNA（去氧核醣核酸），由四個化學字母組成，稱之為「鹼基」，按順序排列成化學句子。書裡的每一句話就是一個基因。你的處方書裡有大約三萬個基因，用超過三十億個鹼基書寫而成[102]。每個基因都有兩個副本——一個遺傳自你的父親，另一個來自你的母親。這就是

99 有關智人基因起源的最新思維，請參閱 Bergström, A., *et al.*, Origins of modern human ancestry, *Nature* **590**, 220-37, 2021。有關更多以化石為導向的觀點，請參閱 Stringer, C., The origin and evolution of *Homo sapiens*, *Philiosophical Transactions of the Royal Society B* **371**, 20150237, 2016。

100 Cann, R. L., Stoneking, M., and Wilson, A. C., Mitochondrial DNA and human evolution, *Nature* **325**, 31-6, 1987。

101 除了紅血球之外——至少在哺乳類動物是如此。如果你的紅血球有細胞核，那你可能是一隻鳥。

102 在此，我應該補充一個非常大的健康警訊。基因並不是真的「句子」，所有基因的總和——基因組——也不是真正的一本「書」，更不是一本「處方」書。這些術語或多或少是我們用粗略的比喻來描述複雜排列的分子，在我們人類非常難以理解的物理和化學條件下，進行非常小規模的相互作用。為了節省時間和清晰表述，我在這裡呈現的是一種近乎虛構的簡化。由DNA組成的基因確實包含與化學相關的RNA（核糖核酸）分子合成的指令，有些分子又包含產生蛋白

你的「細胞核」DNA。

智人的祖先：二十萬年前非洲「粒線體夏娃」

但是每個細胞都含有更多的 DNA——數千個更小的、由一萬六千五百六十九個鹼基組成的 DNA 片段，稱之為「粒線體」DNA，存在於細胞內，即細胞核外的粒線體內。粒線體 DNA 完全是從母親遺傳下來的。威爾遜及他的同僚就是根據粒線體 DNA 重建了人類族譜，因此，他們追蹤到的並不是真正的族譜，而是母系譜，也就是母親留下來的序列。所以才稱之為「夏娃」，或者應該更具體地說，是「粒線體」夏娃。他們的研究顯示，所有從歐洲或亞洲血統的人身上提取的粒線體 DNA 序列都是分支，其源頭是專屬於非洲的一棵更大的樹。這也顯示，非洲以外所有人的祖先——以及非洲境內所有現代人的祖先——都是來自非洲。

然而，夏娃並不是唯一的女人。還會有許多其他女性——母親、姊妹、女兒——只不過這些女性沒有留下後代，或者至少說沒有留下存活到今天的後代。古往今來，滅絕為人類帶來巨大的損失，幾乎所有曾經存在過的血脈系譜都已消失。由此觀之，這會讓人產生一種人類只有一個祖先的印象。夏娃也不是第一個。她本身也是無數代古人類的後裔，唯一的差別在於她是所有現代人類的最後一個共同祖先。

當時，夏娃本身也沒有什麼特殊的重要性。她既無光環，臉上也沒有標誌表明，在所有的姊妹中，她將是唯一在二十萬年後留下後代的人。或許她擁有一個小小的天擇優勢，小到當時無法發現，但是這個優勢會在經過好幾個世代之後得到回報。又或許她只是運氣好一點而已。

我們來做個現代的思想實驗，讓我們更客觀地看待這個問題。想像一下，假設今天有位生活在非洲的婦女恰好對導致後天性免疫缺乏症候群（即愛滋病）的第一型人類免疫缺乏病毒（HIV-1）具有天然免疫力，這個小小的優勢經過好幾個世代依然發揮作用，甚至在幾千年後，讓所有人類都將她視為祖先[103]。可是，她自己並不知道這一點。她最好的朋友也對 HIV-1

質的指令，另外還有許多其他的 RNA 分子參與對其所在細胞健康十分重要的過程，其中有許多過程目前尚不清楚。整體而言，基因內部和周圍的活動是一系列過程的起點，而這些過程最終讓人類從單一細胞——精子和卵子結合而成的細胞——發展成人類。這些過程中有些是物理的、化學的和機械的，並沒有編寫入基因。例如，人類大腦的線路就是其中之一。它屬於分子尺度上相互作用的「突現性質」，但無法從中預測。人體由精子和卵子發育而來的過程也是類似的突現，並且仰賴像各種組織與結構的分裂與合併這種高層次的相互作用，例如胚胎發育過程，而這些相互作用都不會以基因的形式表現。有關分子生物學和生命過程之間關係的新觀點，我鼓勵每位讀者都去閱讀菲利普．鮑爾（Philip Ball）的《生命如何運作》（*How Life Works*, Chicago: The University of Chicago Press, 2023）一書。

103 這很可能是一個無關緊要的論辯。由於人類族群是從非常小的祖先群體不斷擴大而來的，所以就算你不是那位可憐的西班牙國王查爾斯二世，也可以知道，當你追溯得越久遠，就會發現相同的名字不斷出現。亞當．盧瑟福（Adam

病毒具有免疫力，不會感染愛滋病毒，只是她也不知道，但是出於某種不特定原因，她沒有孩子就去世了，因此沒有留下任何後代。

受限於當時的技術，威爾遜及其同儕的研究只能讀取粒線體 DNA 中相對較短的編碼。然而此後，人類已經能夠讀取細胞核 DNA 了。二〇〇一年二月十二日，人類基因組計畫（Human Genome Project）宣布已經能夠讀取人類基因組中整個細胞核 DNA 的序列（全部三十億個鹼基）。當時，這項耗資數百萬美元、由多國科學家共同完成的計畫，被拿來與一九六〇年代將人類送上月球的阿波羅計畫相提並論。二十多年後，由於基因技術的快速發展，讀取細胞核 DNA 已變得司空見慣。後來的研究結果基本上證實了威爾遜團隊的發現。也就是說，現代人類的祖先全都來自非洲。

然而，若是真的有夏娃，難道她就沒有亞當嗎？一段被稱為Y染色體的細胞核 DNA 總是由父親傳給兒子。追溯Y染色體的歷史顯示，確實有一個「提供Y染色體的亞當」——也就是現在所有人類的父系共同祖先——可是他生活的年代比夏娃要更久遠，可能與智人這個物種首次出現的時間相當。因此，提供Y染色體的亞當與提供粒線體的夏娃永遠不可能相遇。

威爾遜的論文是在我加入科學期刊《自然》之前發表的。當時我還是劍橋大學的研究生，可是花了很多時間在研究倫敦自然史博物館的館藏。我在那裡遇見了研究人類物種起源的專家克里斯・斯特林格（Chris Stringer），他長期以來一直倡導「走出非洲」的觀點，認為現代人類（即智人）的祖先都可以追溯到非洲，人類從那片大陸出現並取代了世界上所有其他的古人類，只剩下了智人。與此觀點相反的是「多區域連續性」觀點——人類在歐亞大陸的許多地方演化，但是最終透過雜交過程匯集成單一物種。我記得和克里斯一起搭乘倫敦地鐵時，兩人討論到威爾遜比較古人類化石遺骸的作品在多大程度上證實了他自己的想法。此後情況變得更加微妙。沒錯，現代人類確實起源於非洲，但是卻沒有完全取代已經生活在世界上其他地區的古人類。在某些情況下，二者會雜交混血。

從化石推論智人物種起源

已故的亞瑟·克拉克（Arthur C. Clarke）在《2001：太空漫遊》（*2001: A Space Odyssey*）中寫道，每個現在還存活的人背後，都有三十個鬼魂。從某種程度上來說，研究人類

Rutherford）在《每個人的短歷史：人類基因的故事》（*A Brief History of Everyone Who Has Ever Lived*）一書中指出，我們幾乎可以肯定，任何出生於一九七〇年代且主要擁有英國血統的人，都可以聲稱自己是十四世紀英格蘭國王愛德華三世的後裔，只不過沒有文字記載罷了。愛德華三世有許多孩子，此事眾所周知，其中許多孩子存活下來，並生下更多的孩子。（如今也有一些哈布斯堡王朝的人還活著，但是現在存活的人當中，並沒有任何人的DNA來自那個受到魔法咒詛的人。）詳見 https://www.waterstones.com/blog/family-fortunes-adam-rutherford-on-how-were-all-related-to-royalty。

的基因可以喚起我們祖先的影子，卻無法賦予他們血肉。這就是化石的作用——只不過，令人沮喪的是，化石本身並不一定代表任何現代人類的祖先。

目前可以確定屬於我們這個物種的最早期化石——只是碰巧剛好發現而已——是來自摩洛哥的傑貝爾伊羅德（Jebel Irhoud）遺址的幾個頭骨[104]。與現代人類的頭骨相比，這些頭骨看起來厚重且古老。現代人的頭骨較高，呈球形，臉部較小，收進前額下方，下巴骨明顯，眉骨微微隆起。傑貝爾伊羅德的頭骨幾乎就是這樣，卻又不完全一樣，有些看起來明顯像是尼安德塔人——頭骨長而扁，臉大，有明顯隆起的眉骨。這些頭骨的主人生活在大約三十一萬五千年前[105]，大約與尼安德塔人在同一時期，當時其他古人類物種如羅德西亞人和納萊迪人也生活在非洲。尼安德塔人和人類的祖先都有可能追溯到大約八十萬年前生活在先驅人附近的某種東西或某個人[106]，其化石遺骸呈現出原始的頭骨形狀，但是臉部卻與人類極為相似。如果我們要給在諾福克郡哈茲波洛村留下足跡[107]和石器[108]的物種取個名字，那麼很可能就是先驅人了。

至於智人，則要再等十萬年甚或更長時間，才留下更多實體名片——也就是來自衣索比亞基比什（Kibish）的兩具頭骨，其中一具看起來比另一具更像人類，距今約二十萬年[109]；而另外一個頭骨也來自衣索比亞，是在赫托（Herto）遺址發現的，大約有十六萬年的歷史，雖然還是很古老的模型，不過看起來更像智人的頭骨[110]。從所有這些跡證看來，顯然智人最初是從一種原始成分開始發展，透過演化逐漸改良成形。又過了逾十萬年後，才有貌似現代人的智人出現。

---

104 Hublin, J.-J., *et al.*, New fossils from Jebel Irhoud, Morocco and the pan-African origin of *Homo sapiens, Nature* **546**, 289-92, 2017。

105 Richter, D., *et al.*, The age of the hominin fossils from Jebel Irhoud, Morocco, and the origins of the Middle Stone Age, *Nature* **546**, 293-6, 2017。

106 Bermúdez de Castro, J. M., *et al.*, A hominid from the Lower Pleistocene of Atapuerca, Spain: possible ancestor to Neandertals and modern humans, *Science* **276**, 1392-5, 1997。

107 Ashton, N., *et al.*, Hominin footprints from Early Pleistocene deposits at Happisburgh, UK, *PLoS ONE*, 2014, https://doi.org/10.1371/journal.pone.0088329。

108 Parfitt, S. A., *et al.*, Early Pleistocene human occupation at the edge of the boreal zone in northwest Europe, *Nature* **466**, 229-33, 2010。

109 McDougall, I., *et al.*, Stratigraphic placement and age of modern humans from Kibish, Ethiopia, *Nature* **433**, 733-6, 2005。

110 Clark, J. D., *et al.*, Stratigraphic, chronological and behavioural contexts of Pleistocene *Homo sapiens* from Middle Awash, Ethiopia, *Nature* **423**, 747-52, 2003。

智人的早期演化

我們這個物種在非洲的演化早期階段留下少到幾乎找不到的人類遺骸，從中得到的第一個教訓——也是再一次證明——就是：人類一直都是很稀有的。並不是這個時期留下來的化石不常見，事實上，當時非洲留下的化石紀錄極豐富，包括各種動物，如羚羊、各類野豬、魚和鱷魚的遺骸，與今天典型的非洲動物群非常相似。一九九八年，我去探訪一支在圖爾卡納湖（Lake Turkana）西岸尋找化石的古生物學團隊，他們正在探索三百多萬年前的沉積物，其中鯰魚、烏龜和鱷魚的化石多到根本沒有人注意，倒是豬和羚羊類動物的化石還偶爾有人關注，但是古人類留下來的所有化石——幾乎都是牙齒碎片——則少到用一個（非常小的）錫盒就可以全部裝起來[111]。

其次，智人的早期化石在時間和空間上都表現出極大的變異性，表示該物種以小群體生活，並且分散得很稀疏。每個群體都有自己的習性與癖好，也有自己的特殊家族相似性，以及容易罹患的疾病。但是他們跟所有靈長類動物一樣，雄性會從不同的群體中尋找雌性，這種偶爾的基因交換會避免整個脆弱的社會網絡分裂成彼此不相連的網絡區塊，導致每個網絡區塊都變得愈來愈近親繁殖，直到一個接一個滅絕。

第三，小群體生活的動物除了近親繁殖的疑慮之外，還可能因偶發事件而滅絕，這對本書而言，也是最重要的一點。一場突如其來的洪水可能把他們全部沖走；此外，在遭逢乾燥氣候，愈來愈難找到獵物時，小群體動物也總是因乾旱或飢荒而瀕臨滅絕。

我們這個物種的早期未成形樣本，確實也偶爾會走出非洲，但是所有此類的冒險都以滅絕告終。最早期的其中一次遠征是前往歐洲——在希臘出土的頭骨顯示智人大約在二十一萬年前曾經在那裡站穩腳跟[112]。而就在非洲旁邊黎凡特地區[113]偶爾也會出現早期人類，不過他們好幾次現身都只是驚鴻一瞥，還沒來得及永久定居，就已經撤離了。以色列的迦密山（Mount Carmel）上有洞穴顯示，現代人類經常從非洲入侵以尼安德塔人為主的歐亞大陸，有卡夫澤（Qafzeh）和斯庫爾（Skhul）等遺址洞穴中發現的人類遺骸為證，時間可以追溯到九萬多年前[114]。另外，早期智人在印度洋盆地周圍的擴散，讓澳洲早在六萬五千年前就出現他們的行

111 我在拙作 *In Search of Deep Time* (New York: Free Press, 1999) 一書中講述過這段冒險歷程，此書在英國出版時改名為 *Deep Time* (London: Fourth Estate, 2000)。

112 Harvati, K., *et al.*, Apidima Cave fossils provide earliest evidence of *Homo sapiens* in Eurasia, *Nature* **571**, 500-4, 2019。

113 譯註：黎凡特（Levant）泛指地中海東岸、托魯斯山脈以南、阿拉伯沙漠以北和上美索不達米亞以西的一大片西亞地區。

114 McDermott, F., *et al.*, Mass-spectrometric U-series dates for Israeli Neanderthal/early modern hominid sites, *Nature* **363**, 252-5, 1993。

蹤[115]，甚至還遠及蘇門答臘（六萬五千至七萬三千年前）[116]和中國（八萬多年前）[117]，只不過這些族群幾乎肯定已經滅絕，取而代之的是後來才從非洲過來的幾次擴張。

智人所到之處，走到哪裡都會遇到他們的近親——更早之前遷徙過來的直立人後裔。從地質學角度來看，或許直到近代，非洲仍生活著其他人類物種。在非洲以外，他們在歐洲和西亞遇到了尼安德塔人，在東亞和東南亞遇到了丹尼索瓦人。一旦相遇，他們就會雜交混血。

基因定序追溯現代人祖先

現代人的基因可用於追溯過去的幽靈家譜。化石揭示了早期人類的樣貌，可是僅憑骨頭無法說明其祖先的具體資訊——你發現的任何人類化石都可能是你的直系祖先，但是卻無法確定[118]，最多只能說這個化石是你的遠親。然而，基因定序技術意味著可以從化石骨骼本身提取 DNA。近年來，這項技術為人類祖先研究打開了一扇全新的窗口。

就在威爾遜及其同僚發表粒線體「夏娃」論文的整整十年之後，斯萬特·帕波（Svante Pääbo）及其同僚從一名尼安德塔人身上提取了完整的粒線體 DNA 序列，這是一個里程碑[119]（帕波後來因其發現所謂「古代」DNA 方面的開創性工作而獲得諾貝爾獎）。從那時候起，人類讀取了許多完整的細胞核序列（或「基因組」），證明尼安德塔人生活在小群體中，並且非常容易近親繁殖。

自從帕波及其同僚的創舉以來，處理小型、古老且脆弱的古代DNA片段技術突飛猛進，現在即使是小到難以形容、甚至無法根據其外形認定屬於任何特定物種的骨頭碎片，也能從中提取並解讀細胞核基因組。於是，當科學家從一塊跟米粒差不多大小的古人類指骨碎片中提取DNA，並發現它屬於一個迄今未知的物種時，震驚了全世界[120]。這個古人類化石是在西伯利亞的阿爾泰山脈，從一個叫做丹尼索瓦的洞穴中找到的，因此這個物種的祖先就被非正式地命名為丹尼索瓦人，與尼安德塔人有共同的系譜，只不過在他們與智人系譜分化之後，丹尼索瓦人就與尼安德塔人分道揚鑣了。所以，丹尼索瓦人和尼安德塔人算是堂表兄弟。

115 Clarkson, C., *et al.*, Human occupation of northern Australia by 65,000 years ago, *Nature* **547**, 306-10, 2017。
116 Westaway, K. E., *et al.*, An early modern human presence in Sumatra 73,000-63,000 years ago, *Nature* **548**, 322-5, 2017。
117 Liu, W., *et al.*, The earliest unequivocally modern humans in southern China, *Nature* **526**, 696-9, 2015。
118 我在拙作 *In Search Of Deep Time* (New York: Free Press, 1999) 一書中討論祖先與後裔的議題，此書在英國出版時改名為 *Deep Time* (London: Fourth Estate, 2000)。
119 Krings, M., *et al.*, Neandertal DNA sequences and the origin of modern humans, *Cell* **90**, 19-30, 1997。
120 Reich, D., *et al.*, Genetic history of an archaic hominin group from Denisova Cave in Siberia, *Nature* **468**, 1053-60, 2010。

現代智人：古人類雜交的產物

更驚人的是，現代智人是尼安德塔人、丹尼索瓦人跟其他古人類物種雜交的產物，這些神祕的古人類除了隱藏在現今人類體內的 DNA 足跡之外，迄今都未曾發現過他們的蹤跡。

智人在非洲經過二十五萬年的演化——其間夾雜偶爾幾次以失敗告終的遷徙——終於準備問世了。一小群智人（也可能是幾個有緊密血緣關係的小型氏族）在大約六萬至四萬年前從非洲遷移出來，最終取代了世界各地的所有其他人類和古人類群體。

大約四萬七千年前，智人從南部（經由義大利）和東部（沿著多瑙河，經過現在的羅馬尼亞和保加利亞[121]）來到歐洲定居。他們在途中遇到了尼安德塔人，並偶爾與之雜交。大約四萬年前生活在羅馬尼亞的早期現代智人 DNA 顯示，他們的曾祖父母之中，有一個是尼安德塔人[122]。這似乎不是孤立事件[123]。如今，每一個不是純非洲血統的人類體內，都有大約百分之二的 DNA 來自尼安德塔人。若非天擇，尼安德塔人的 DNA 可能還會更多，只是天擇淘汰了任何可能有害或變異的尼安德塔人基因；因為尼安德塔人的數量一直很少，不良突變的機率相當高。

丹尼索瓦人為現代人類，特別是東亞和東南亞的人類，貢獻了少量的 DNA；其中包括讓現代藏族人在高海拔地區生存甚至繁衍生息的基因[124]。如前文所述，現代人類 DNA 中有一些有趣的跡象，顯示很久以前他們曾與現在已經滅絕且沒有任何已知化石紀錄的古人類雜交過，我們現在只能透過這些古人類貢獻給現代人的 DNA 才能證實他們的存在[125]。一些丹尼索瓦人的基因組顯示出雜交的跡象，也許是在一百萬年前，跟更古老的古人類物種——可能就是先驅人——雜交過。

最初在非洲演化的人類中，只有一小部分離開了非洲。艾倫．威爾遜及其同僚對粒線體 DNA 的研究顯示，非洲以外的所有現代人類都只是非洲的一個分支，而非洲本身的物種則更

---

121 Hublin, J. J., *et al.*, Initial Upper Palaeolithic *Homo sapiens* from Bacho Kiro Cave, Bulgaria, *Nature* **581**, 299-302, 2020。

122 Fu, Q., Hajdinjak, M., Moldovan, O., *et al.*, An early modern human from Romania with a recent Neanderthal ancestor, *Nature* **524**, 216–9, 2015。

123 Hajdinjak, M., Mafessoni, F., Skov, L., *et al.*, Initial Upper Palaeolithic humans in Europe had recent Neanderthal ancestry, *Nature* **592**, 253–7, 2021, https://doi.org/10.1038/s41586-021-03335-3。

124 Huerta-Sánchez, E., *et al.*, Altitude adaptation in Tibetans caused by introgression of Denisovan-like DNA, *Nature* **512**, 194-7, 2014。

125 Mondal, M., *et al.*, Approximate Bayesian computation with deep learning supports a third archaic introgression into Asia and Oceania, *Nature Communications* **10**: 246, 2019; Mondal, M., *et al.*, Genomic analysis of Andamanese provides insights into ancient human migration into Asia and adaptation, *Nature Genetics* **48**, 1066-72, 2016。

多樣化。就人類演化的形態與形式而言，非洲從過去到現在一直都是最多樣化的大陸。智人似乎是在很長一段時間內，從一系列相當多樣化的形態逐漸融合而成的，似乎是一個等待已久的物種。同時，氣候變遷對各種物種零散分布的小群體造成了影響。長期的乾旱（與歐洲的冰河時期相互呼應）會切斷各種群之間的聯繫，使得每個種群分別以各自的方式演化，而短暫的溫暖時期則可能會讓他們有片刻的團聚和喘息[126]。

多樣化的非洲古人類

現代人類與非洲內部比較古老的各個人類物種之間的關係依然晦而不明。比方說，距今約三十萬年，以羅德西亞人為代表的古人類[127]，能夠說明人類的起源嗎？化石不會說話，我們必須替它們來講述它們的故事。但是，我們該講什麼故事呢？我們手中的線索一如既往的少，而且難以捉摸，不過卻足以顯示非洲人類形態的多樣性在過去比現在更豐富。

大約兩萬年前，當歐洲和北美剛剛經歷過最近一次冰河期的高峰，一群漁民生活在現今為剛果民主共和國裡一個叫做伊尚戈（Ishango）的地方[128]。儘管從地質學的角度來說，這只是轉眼即逝的一瞬間，但是以現代標準來看，伊尚戈人卻非比尋常，他們擁有厚重、結實的頭骨，像是黎凡特一帶更古老人類的遺緒，例如在斯庫爾和卡夫澤的早期智人遺骸。大約同一時期，在現今肯亞的盧肯亞山（Lukenya Hill）附近，生活著一群人，他們的頭骨形狀厚實，再加上高聳的眉骨，都讓人想起了更早的史前時期[129]。稍早一些——大約三萬五千至四萬年前——一名年輕礦工的骸骨被埋在現今埃及的燧石礦中。這個年輕人因為長期從事艱苦的體力勞動，因此體格健壯結實，而且也有早期古人類的高聳眉骨特徵[130]。甚至更晚近一點，大約在一萬四千年前，有個人被埋葬在奈及利亞西南部的伊荷埃勒魯，就在後來建成特大城市拉哥斯（Lagos）的所在地以東約兩百公里處[131]。此人的骨頭長而扁，更像是來自斯庫爾或卡夫澤的早期智人——或是伊尚戈的漁民——而不像接近現代之人（這裡說的是地質學上的現代）。

126 Ragsdale, A. P., *et al.*, A weakly structured stem for human origins in Africa, *Nature* **617**, 755-63, 2023。
127 Grün, R., *et al.*, Dating the skull from Broken Hill, Zambia, and its position in human evolution, *Nature* **580**, 372-5, 2020。
128 Crevecoeur, I., *et al.*, Late Stone Age human remains from Ishango (Democratic Republic of Congo): new insights on Late Pleistocene modern human diversity in Africa, *Journal of human Evolution* **75**, 80-9, 2014。
129 Tryon, C. A., *et al.*, Late Pleistocene age and archaeological context for the hominin calvaria from GvJm-22 (Lukenya Hill, Kenya), *Proceedings of the National Academy of Sciences of the United States of America* **112**, 2682-7, 2015。
130 Crevecoeur, I., The Upper Palaeolithic human remains of Nazlet Khater 2 (Egypt) and past modern human diversity，收錄在 Hublin, J. J. and McPherron, S., (eds), *Modern Origins: A North African Perspective* (Dordrecht: Springer, 2012)。
131 Harvati, K., *et al.*, The Late Stone Age Calvaria from Iwo Eleru, Nigeria: Morphology and Chronology, *PLoS ONE* **6**, e24024, 2011。

似乎在整個非洲，都出現了體型與我們理解的現代人不同的人種，顯示非洲人類形態的範圍曾經比今天更廣，或者說，古代形態的人類一直在非洲生活，直到相當晚近才消失。

看來現代非洲人的DNA中有一小部分（約二%）來自一種未知的古人類物種，此物種在大約七十萬年前就與現代人的祖先分道揚鑣，就像非洲以外的現代人DNA中或多或少含有尼安德塔人和丹尼索瓦人的DNA一樣。這個DNA在大約三萬五千年前進入了現代非洲人的祖先體內[132]——從伊荷埃勒魯、伊尚戈和其他地方發現的人類遺骸之古老形式和晚近日期來看，這樣說也不無道理。

當今世界上分岐最大的人類系譜屬於非洲南部的科伊桑人（KhoeSan）。根據非洲古代DNA的研究，以狩獵採集為生的科伊桑人在過去分布的範圍更廣泛，只不過原有的活動範圍大部分已被遊牧民族所取代。然而，西非仍然保留古老祖先的蹤跡[133]，只是幾乎被後來的人口遷移所抹滅。傳說非洲保留了一種深層而複雜的結構，只有在六萬至四萬年前曾經住在那裡的一小群人留下了蛛絲馬跡，然後流傳到世界上的其他地方，除此之外，曾經在那裡生活的多種多樣古人類所留下的痕跡幾乎全都遭到抹滅。就算是跟短短兩萬年前相比，現在非洲的人種多樣性仍遠遠望塵莫及。即使在多樣化的非洲，智人還是同質化了。除少數迅速消失的異常物種之外，到了大約五萬年前，智人成了最後一種古人類，成了最後的倖存者。

132 Hammer, M. F., *et al.*, Genetic evidence for archaic admixture in Africa, *Proceedings of the National Academy of Sciences of the United States of America* **108**, 15123-8, 2011; Hsieh, P., *et al.*, Model-based analyses of whole-genome data reveal a complex evolutionary history involving archaic introgression in Central African Pygmies, *Genome Research* **26**, 291-300, 2016。

133 Skoglund, P., *et al.*, Reconstructing prehistoric African population structure, *Cell* **171**, 59-71, 2017。

04 最後的倖存者
Last Human Standing

康茂德（Commodus）殺死了一隻鹿豹，也就是長頸鹿，牠是大型四足動物中最高大、最溫馴、也最沒用的。這種奇特的動物原本僅產於非洲內陸地區，歐洲自文藝復興以來就不曾見過；儘管布馮（《自然史》作者）努力形容長頸鹿，卻還是無法描繪出其輪廓。

——愛德華．吉朋，《羅馬帝國衰亡史》

在智人的整個存續歷史中，人數幾乎都極為稀少。小小的聚落零星地散布在地表，勉強維持生存，彷彿少吃一餐就會餓死，少吃兩餐就會滅絕似的。

數量稀少除了容易被人遺忘，還有另一個缺點，就是普遍缺乏腦力。有人說，養育一個孩子需要一整個村莊的努力，但是創造一個有文化、有科技的文明則需要數百萬人的素養。當艾薩克．牛頓發明萬有引力定論時，是五億人中的一員；一九〇五年，愛因斯坦發表狹義相對論的那一年，世界人口超過十六億人。在智人存續的時間裡，有百分之九十六都只依賴基本的石器時代技術勉強維生。這種技術在任何時候都只足夠供給一個小族群存活——而這個族群隨時可能消失。人口增長帶來了生命延續的可能性，這一代人的發明和傳統可以傳承給下一代，乃至於更下一代，讓這些傳統不會隨著這一群人的死亡而消失，必須從零開始，重新發明。人口愈多也意味著更多的智力、更多的對話、更多的思想交流和更多的發明。當牛頓說他之所以能夠看得更遠，是因為他站在巨人的肩膀上時，這個比喻的意涵其實比他自己所知道的還要更深刻。

唯有在農業發明之後，人類有了更安定的生活，人口才開始累積到足以進行思想交流的程度。突然間，一些在漫長的史前時期罕見或完全不存在的東西出現了——金屬製品、陶器、文字。誠然，定居生活有其代價（如流行病、大規模戰爭），但是如果沒有定居生活以及隨之而來的人口擴張，智人將永遠是一個狩獵採集族群，生活在小群體中，新思想的積累將非常緩慢。

在非洲最南端海岸的一個洞穴中，有個人用紅赭石製成的蠟筆在一塊岩石碎片上潦草地畫出了一個十字形圖案。這是歷史上已知的第一幅繪畫，距今已有七萬三千年的歷史[134]，比次早的繪畫——在歐洲和印尼的洞穴壁畫——早了三萬年。這塊岩石碎片來自一個叫做布隆伯斯洞穴（Blombos Cave）的地方，而且還不是個案，是考古學家所稱的「斯特爾灣技術複合體」（Still Bay Technocomplex）的一部分——那是距今約七萬七千至七萬三千年前在南非最南端的一個史前文化繁榮時期。不遠處，在一個名為尖峰角（Pinnacle Point）的地方挖出證據，顯示大約在同一時期，人類開始用經過熱處理的石頭製作小箭頭[135]，另外還使用顏料、個人裝飾品（例如用貝殼製成的珠子）、用骨頭製成的精密工具，還有弓箭等投射武器——所有這些發展都被考古學家視為現代性的跡象。

不過，這些還不是第一個此類行為的跡象。

現代性跡象停滯三萬年

在布隆伯斯洞穴的地層中挖掘到的現代性跡象還要**更早個三萬年**——也就是說，可以追溯到十萬年前，其中包括有十字形雕刻的赭石碎片，以及藝術家用來當作調色板混合赭石顏料的鮑魚殼[136]。但是，在布隆伯斯洞穴顏料工廠和斯特爾灣技術複合體之間的地層中，並沒有找到赭石雕刻的跡象，彷彿這項技術消失了三萬年——是有記載的歷史跨度的整整六倍——必須重新再發明一次。

或許，現代性的傳統在布隆伯斯洞穴以外的地方延續下去，只是這些地方要不是尚未被人發現，就是沒有留下任何痕跡供後人尋找。但是我們不禁要問：為什麼布隆伯斯的早期現代化跡象後繼無力，似乎完全消失了呢？有可能是他們在中間這幾千年中遭到滅絕或是遷徙他處了。鑒於這個時間跨度很大，局部滅絕似乎是更可能的原因，因為小規模、孤立的族群能夠長期存在的可能性微乎其微。

此外，考量到這個時間跨度，我們還是可以問：為什麼這種文化——即使在十萬年至七萬年前這段期間確實持續存在，只是未被發現——沒有取得實質性的進展呢？在這中間的三萬年裡，什麼事也沒有發生。將這些古代文化與現代文化進行比較或許可以帶來一點啟示。

134 Henshilwood, C. S., *et al.*, An abstract drawing from the 73,000-year-old levels at Blombos Cave, South Africa, *Nature* **562**, 115-18, 2018。

135 Brown, K. S., *et al.*, An early and enduring advanced technology originating 71,000 years ago in South Africa, *Nature* **491**, 590-3, 2012。

136 Henshilwood, C. S., *et al.*, A 100,000-year-old ochre-processing workshop at Blombos Cave, South Africa, *Science* **334**, 219-22, 2011。

請容我以個人的軼事為例，比方說，我的叔叔亨利[137]於一九〇四年出生在德意志帝國的波茨坦，那是萊特兄弟在卡羅萊納海岸首次試飛發動機驅動箱型風箏的第二年；而人類首次登陸月球（阿波羅十一號，一九六九年）時，他只有六十五歲。然而，布隆伯斯赭石工廠和斯特爾灣技術複合體之間的時間間隔幾乎是前者的五百倍，但是兩者之間的技術進步幾乎無法衡量。說石器時代的人類不聰明是沒有道理的，因為他們的大腦容量幾乎與今天的人類一樣大。那麼，是什麼阻礙了他們呢？

答案還是因為人口規模太小。由於人口太少，分布太過稀疏，而且太容易滅絕，所以技術無法延續下去。新思想、新發明還未能確立便已失傳，必須經過反覆的重新發明才能生根茁壯。一些技術性技能從老師傳給學生，必須經過幾代人的傳承，因此需要有一定數量的人口，而且還得住得夠近，技能才得以確立下來；此外，這些技術性技能愈困難，所需要的人口數量和密度也會顯著增加[138]。調合赭石製成顏料，可能需要數十名技術人員和願意學習的學徒；另一方面，火箭科技則需要數十億人的文明。沒有人知道技術起飛的關鍵時刻何時會發生，但是那一定是人口數量夠大或是聯繫夠緊密時，傳統才得以維繫，甚至才能發展得起來。即便如此，以今天的標準來看，進展仍然極為緩慢。

不過，總算足夠讓智人走出非洲了。

有一點很重要，就是必須認知到我們的祖先根本不知道有一塊叫做非洲的大陸，也沒有意識到自己離開這塊大陸。他們無非就只是跟隨他們捕獵的野生動物或是採收的植物生長之地，並在適合他們的地方居住下來。智人這個物種最初是生活在熱帶稀樹草原和混合林的水邊，傾向避開過於乾燥（炎熱的沙漠）或過於潮濕（熱帶雨林）的地方。正如羅賓・丹納爾（Robin Dennell）在《從阿拉伯到太平洋：人類如何殖民亞洲》（*From Arabia to the Pacific: How Our Species Colonised Asia*）一書中所說，過去一百萬年間受冰河時期影響最大的人類從未見過一塊冰，或摸過一片雪花，這真是一大諷刺。在冰河時期的大部分時間裡，智人都在覆蓋非洲和歐亞大陸大部分地區的開闊草原上演化，例外期間就是在極北地區的冰層達到最大厚度的時期，此時大草原會乾涸成沙漠；或是當冰河融化、海平面上升的短暫時期，這時候甚至連撒哈拉沙漠和阿拉伯都變得鬱鬱蔥蔥、水源充沛[139]。就氣候和棲地而言，非洲與阿拉伯、

137 其實，他不是我叔叔，也不叫亨利。不過，這一點也無關緊要。

138 Powell, A., *et al.*, Late Pleistocene demography and the appearance of modern human behavior, *Science* **324**, 1298-1301, 2009; D'Errico, F., and Stringer, C. B., Evolution, revolution or saltation scenario for the emergence of modern cultures? *Philosophical Transactions of the Royal Society of London B* **366**, 1060-9, 2011。

139 Groucutt, H. S., White, T. S., Scerri, E. M. L., *et al.*, Multiple hominin dispersals into Southwest Asia over the past 400,000

黎凡特和西南亞相連，最遠還一直向東延伸到印度西北部的塔爾沙漠（Thar Desert）。丹納爾說，嚴格說起來，第一批移居到這些地區的人並沒有離開非洲，而是帶著非洲一起過去了。

智人出走非洲

儘管從最廣泛的意義上來說，智人起源於非洲，並且相當快速地散布到整個非洲大陸（同時還延伸到阿拉伯和亞洲地區），不過我若說他們原本還可能擴散得更快，或許會讓你感到意外。這牽涉到一個問題，就是某種氣候的逆轉。在冰河時期最冷的時候，海平面下降了一百二十公尺之多，因此人類得以經由先前被海水淹沒的陸橋，到達原本無法徒步抵達的島嶼，或是只需走過完全露出水面的乾燥土地，便可穿越曾經很深的河口。他們可以經由西奈半島徒步走到黎凡特，而另一條路線則是穿過紅海最南端、位在非洲與阿拉伯之間狹窄的曼德海峽（Bab el Mandeb），海峽最窄處的寬度還不足四公里，一個高個子的人站在岸邊就能輕易看見對岸。然而，在這些有利遷徙的時期，非洲的氣候炎熱乾燥，像撒哈拉這樣的沙漠反而阻礙了遷移。而在另一種極端氣候中，當撒哈拉沙漠和阿拉伯半島鬱鬱蔥蔥時，海平面則會比現在還要高，淹沒曾經一度便捷的遷徙路線。到頭來，人類只能在氣候沒有乾燥到變成沙漠、也沒有潮濕到將遷徙路線淹沒的最有利時間點才能夠遷徙。

遷徙還面臨另一個障礙，至少最初是這樣——目的地已經被人占領。結果，人類征服全球的第一章落空了。誠如前文所述，大約在二十一萬年前，數小群智人到達了希臘，然後在九萬年前到達了以色列——當時的氣候和棲地是非洲家園的延伸——然而他們並未定居於此，而且幾乎可以肯定他們就像夏日的霜一樣消失了。當時，尼安德塔人早已在歐洲落地生根。由於氣候和地形比較有利於人類從非洲沿著印度洋沿岸遷徙到西南亞，於是原本定居於此的尼安德塔人逐漸凋零[140]。所有祖先並非完全來自非洲的現代人體內，都帶有少量尼安德塔人的DNA，從此一事實來看，並非所有智人與尼安德塔人的接觸都是充滿敵意的。然而，就像最早來到維吉尼亞和卡羅萊納殖民的英國人因為人口匱乏、疾病和補給等問題而以失敗告終一樣，這些智人從非洲遷徙的最初嘗試，對現代人類基因庫的貢獻微乎其微，甚至完全沒有。

尼安德塔人在歐洲設下的屏障，或許可以解釋為何智人先從非洲闖入南亞，然後才進入歐洲；然而，支持的證據卻很少。有些人認為，智人早在三十萬年前就抵達了印度，其判斷根據是印度半島最南端一個叫做阿堤蘭帕坎（Attirampakkam）的遺址曾經出土的一組石

---

years, *Nature* **597**, 376–80, 2021。

140 有關人類遷徙到亞洲的更多細節，請詳閱 Dennell, R., *From Arabia to the Pacific: How Our Species Colonised Asia* (Routledge: London and New York, 2020)。

器[141]；然而，這些石器也可能是當地土生土長的古人類所製作的，例如更早從非洲出走的直立人。普遍的觀點是認為，智人較晚才遷移到印度洋盆地周圍。

值得注意的是，這些遷徙都不是只發生過一次，就像聖經裡的以色列人也不只一次穿越紅海一樣。人類從非洲出走並穿越南亞的遷徙無疑發生過很多次，其間也曾經出現過重大的逆轉。大約七萬年前，蘇門答臘島的多巴火山（Mount Toba）發生了壯觀的大爆發——這是過去兩百萬年來最大的一次火山爆發，同時又發生在最近一次間冰期末的氣候惡化——此後，南亞人類可能與非洲人類隔絕了好幾萬年。

渡海遷徙的島嶼印記

智人與早期離開非洲的古人類（尤其是直立人）不同之處在於，智人願意放棄古人類祖先偏好生活在熱帶開闊的稀樹草原上的習慣。可以肯定的是，尼安德塔人早已習慣了北歐的嚴寒，而大約八十萬年前，古人類就已經在英格蘭生活，當時的氣候跟現在一樣寒冷。然而，熱帶雨林卻是一個特別具有挑戰性的環境，古人類曾經竭力敬而遠之——直到智人出現。儘管雨林擁有豐富的生物多樣性，但是在其中謀生卻很困難。對於習慣在空曠地區追逐大型獵物的物種來說，雨林可以說是最糟糕的生存環境。雨林中的大多數動物體型小，難以看清（所有植被都會擋住視線），生活在樹梢等搆不到的地方，而且還可能有毒。雖然雨林是植物的聚寶盆，但主要的植物大多都有毒，除非先經過去毒程序，否則不能食用，有時還需要漫長而繁複的烹煮。然而，早在四萬年前，智人就已經在斯里蘭卡和東南亞島嶼的雨林中生活，這是之前任何古人類物種都從未做過的事情。正如羅賓·丹納爾所說的，智人是一種獨特的入侵物種[142]，他們大膽地前往（正如某人在另一個場合中所說的那樣）以前從未有人去過的地方。

水上交通工具的問世進一步增強了這種冒險精神，這對穿越現今印尼東部地區和進入澳洲來說，至關重要，因為即使在海平面最低的時候，許多島嶼也沒有與大陸相連。在這樣的低水位時期，婆羅洲、蘇門答臘和爪哇島與東南亞大陸連在一起，一條大草原走廊從中國南部一直延伸到馬來西亞和爪哇。同時，澳洲、新幾內亞和塔斯馬尼亞島則連成一片廣闊的大陸。然而，其間的許多島嶼仍為孤島，如蘇拉威西島（Sulawesi）、弗洛勒斯島和摩鹿加群島

141 Akhilesh, K., *et al.*, Early Middle Palaeolithic culture in India around 385-172 ka reframes Out Of Africa models, *Nature* **554**, 97-101, 2018。

142 Dennell, R., Human colonization of Asia in the Late Pleistocene: The history of an invasive species, *Current Anthropology* **58**, Supplement 17, December 2017。

（Moluccas）。而且當海平面上升時，陸地面積急劇縮小，迫使智人比以前更加利用海洋資源——早期的魚鉤證據和考古沉積物中的大型海魚骨骼就足以證明這一點。

蘇拉威西島一直都是個孤島，但是在大約四萬年前見證了文化的蓬勃發展，其中包括洞穴藝術——在洞穴牆壁上用赭石塗抹的大型動物繪畫[143]。在婆羅洲也發現了類似的洞穴藝術[144]，而且大約在同一時期出現。與法國拉斯科（Lascaux）和西班牙阿爾塔米拉（Altamira）發現的洞穴壁畫相比，這些藝術作品的年代大致相同，甚或更久遠一點。從布隆伯斯到婆羅洲，從斯特爾灣到蘇拉威西島，無論智人走到哪裡，都會留下自己的印記。

因此，大約在四萬年前，或是差不多這個時候，智人就已經進占了東南亞島嶼，甚至還登陸澳洲。他們學會了在惡劣的雨林中生存，並開始乘船進行相當長途的海上旅行。

智人進占全世界

在此同時，其他智人群體也遷移到了中亞內陸。相較於雨林，儘管俄羅斯南部、蒙古、中國北部和西伯利亞的草原與非洲祖先的家園有更多的共同點——有廣闊的空間，還有大量的大型獵物可供追逐——但是卻也各有不同的挑戰，主要是極度寒冷的氣候。如果沒有遮蔽處、火和保暖衣物，智人就不可能在中亞惡劣的環境中生存。

這時，服裝的發明就在演化過程中留下了痕跡，雖然對人類的影響不如對寄生蟲的影響那麼大。人類的頭蝨（*Pediculus humanus capitis*）只寄生在頭皮上；體蝨（*Pediculus humanus corporis*）則寄生於人體頭部以下的部位，並在衣服中安家。這兩個物種有共同的祖先，並在大約七萬年前展開各自不同的演化路徑——這與智人離開非洲的時間相吻合，也與衣服的發明時間相去不遠[145]。因為有了衣服，人類才得以向北深入北冰洋。其中最吸引人的是猛瑪象——牠是肉類、脂肪、獸皮和骨頭的來源，可以用來製作工具，甚至拿來蓋房子。考量到極端的寒冷和黑暗的冬季，這個獎品（獸脂）肯定能帶來溫暖與光明：尼安德塔人雖然體格強健，但是他們卻從未深入到北緯六十度以北，也就是北極圈以南的地方。

從阿拉伯到日本，從澳洲到北極，智人要不是將他們遇到的所有土著古人類都推向滅絕

143 Aubert, M., *et al.*, Pleistocene cave art from Sulawesi, Indonesia, *Nature* **514**, 223-7, 2014。
144 Aubert, M., *et al.*, Palaeolithic cave art in Borneo, *Nature* **564**, 254-7, 2018。
145 Kittler, R., *et al.*, Molecular evolution of *Pediculus humanus* and the origin of clothing, *Current Biology* **13**, 1414-17, 2003。

（如：印尼弗洛勒斯島上的弗洛勒斯人；菲律賓的呂宋人；或許還有最後殘餘的直立人），不然就是將這些古人類同化到人類基因庫中（如：尼安德塔人和丹尼索瓦人）。智人花了更長的時間才進入尼安德塔人在歐洲的腹地，而且還是經過多次失敗後，才終於實現這一目標。智人留下了尼安德塔人永遠無法製作的文物——精密的骨製工具、縫紉針、精美的洞穴壁畫，以及可以隨身攜帶的藝術品，包括用猛瑪象牙製作且重覆出現的肥胖、大胸脯女性雕像——向更高的力量祈求促進生育並避免飢餓。智人占據了其他古人類從未占據過的地方，尤其是澳洲、美洲（至少從兩萬年前開始），最後還到了更加遙遠的海洋島嶼。

智人的入侵何以如此成功，讓其他古人類物種黯然失色？沒有人知道箇中原因，但是優勢很可能是漸進的。畢竟，在智人存續的時間裡，有百分之八十六的時間——從三十一萬五千年前到大約四萬五千年前——都只不過是地球上的另一個人類物種。這倒不是說在四萬五千年前出現了某個神奇的開關，突然從關閉變成了開啟；反之，這是一個生物學、行為和人口變化呈指數級積累的緩慢過程，大約從十萬年前開始，最終導致智人在幾萬年後占領了整個世界。

指數成長的本質是一開始規模很小，並且在很長一段時間內規模都很小，然後斜率突然劇烈變陡。從緩慢爬行到突然攀升的轉變發生在大約四萬五千年前，當時人類的行為基本上都已經現代化，人口也已經擴張到可以建立並發展技術的程度，而且所有其他古人類都已經滅絕。

四萬年前智人獨存繁盛至今

另一個或許也值得探究的問題是：為什麼其他古人類，尤其是尼安德塔人，無法經得起競爭呢？畢竟，他們在歐亞大陸生活的時間與智人在非洲生活的時間至少一樣長，並且已經充分適應了那裡的生活方式，甚至到今天還被視為史前洞穴生活的巔峰。尼安德塔人不缺智慧：他們的大腦與現代人類一樣大，甚至還要更大一些。數萬年來，尼安德塔人製造和利用石器的技術，基本上與智人的技術不相上下。

關鍵就在於人口規模。現代人類很可能——沒錯，非常可能——生活在人口稍微密集一點的聚落中，而且這些聚落在較長距離內的彼此聯繫更緊密，這讓他們更能抵禦小範圍衝擊，例如暫時沒有獵物或食物可供覓食。與尼安德塔人相比，智人在生養孩子方面可能也略勝一籌。這些差異或許非常細微，但是經過幾個世代之後，就會變得十分突出。

到最後，尼安德塔人的人口數量變得非常少，分布非常廣泛稀疏，並且被不斷擴大的現代人類群體所分割，導致他們無法與之競爭，只能遭到同化。東亞的丹尼索瓦人似乎也面臨同樣的命運。至於如弗洛勒斯人等其他古人類，則被局限在愈來愈小的生活範圍內，直到他們也消失殆盡。當然，他們的命運可能會更加悲慘——正如一位評論員所說的，老師可能會在智人的成績單上寫道：他們跟其他孩子處不來。

最遲到了四萬年前左右，智人成了地球上最後一種古人類。在地質學上只是一眨眼的功夫，智人不僅消滅了所有其他的古人類，還擴及地球的每個角落。

智人在演化上的發展，可以媲美圖拉真統治下的羅馬帝國最大疆域，也就是吉朋筆下《羅馬帝國衰亡史》的起點。在西元二世紀初之後，羅馬人發現他們已經達到了極限，任何試圖超越他們的嘗試都很可能只是曇花一現（如：美索不達米亞、日耳曼、羅馬尼亞），或者是極為困難（如：波斯帝國）。

智人的自然分布範圍已經覆蓋整個地球，這是其他物種從未做到的。正如赫爾辛基研究人員發現的那樣，當一個物種成功消弭了競爭對手時，唯一的出路就是走下坡了。

第二部

衰敗

智人在極短時間內主宰了地球生態系，
但人類物種有可能在未來一萬年間滅絕，
要測繪智人衰亡的過程，就必須了解他們在巔峰時期做了些什麼。

05 農業：第一號受害者
Agriculture: The First Casualty

從戰線、戰艦和艦橋上，鄂圖曼帝國（Ottoman）的砲火自四面八方襲來。從戰營到城市，希臘人和土耳其人全都捲入了這片戰火硝煙之中，唯有羅馬帝國最終得到解放或毀滅，這片硝煙才會煙消雲散。

——愛德華．吉朋，《羅馬帝國衰亡史》

我的朋友布萊恩．克雷格（Brian Clegg）是位專業作家，他寫的書比大多數人吃過的熱食午餐還要多，因此對寫作頗有了解。他說，對一個作家來說，最重要的工具就是一隻狗，比電腦、印表機、一疊白紙、甚至一支鉛筆都還重要。

要知道，就連布萊恩也會遇到瓶頸，這時候最好的方法，就是讓一條狗將你從書桌前拖走，逼著你去做一些必要的活動，讓思緒自由馳騁，等你回到家之後，就會赫然發現：一個小時前莫名其妙地把你逼入絕境的問題已經迎刃而解了。

寫作是一種需要久坐的職業，通常採取坐姿（對人體不利的姿勢）。作家需要不時地離開書桌，活動一下筋骨。他們總是可以找藉口拖延著不去健身房，但是看到狗狗迷人的眼睛和拚命搖擺的尾巴，對即將到來的追逐和奔跑充滿興奮的期待，卻是無法抗拒的。我採納了布萊恩的建議，只是有點過了頭——我養的不只是一隻狗，而是四隻，儘管我通常一次最多帶三隻狗出門，可是我每天出去散步時都像打仗一樣，而且就像訓練狗拉雪橇，是一場注定失敗的戰爭。不過，這至少讓我離開了書桌。

人狗相伴已經有很長的歷史了。我們幾乎可以肯定，狗是人類第一個馴養的動物。沒有人確切知道狗最早是在何時、何地被人馴化，但很可能是在兩萬至四萬年前的歐洲[146]。狗最初是狼，在人類的營地附近徘徊，距離篝火只有一箭之遙。牠們受到美味的食物殘渣誘惑，並提供各種服務作為回報，例如驅趕營地附近的有害動物、警告正在接近的掠食動物或其他人。值得注意的是，狗是在最近一次冰河時期最寒冷的那段期間被人馴化的，因此狗和人類可能一起合作面對寒冷：人類有了同伴；而對狗來說，則獲得了剩菜剩飯中豐富的肉類蛋白質，這是人類無法完全消化的[147]。狗和人類都是群居的食肉和食腐動物，有類似的社會生活，因此

146 Botigué, L. R., *et al.*, Ancient European dog genomes reveal continuity since the Early Neolithic, *Nature Communications* **8**, 16082, 2017。

147 Lahtinen, M., *et al.*, Excess protein enabled dog domestication during severe Ice Age winters, *Scientific Reports* **11**, 7, 2021,

想像人和狗一起行動並不誇張。當人類拔營離開後，他們身後會跟著一群更溫順、也更習慣社會化的狼——只不過最初會保持一段距離——這是人類第一次遛狗的情景，而我和其他數百萬遛狗人士也在每天的日常活動中重複這樣的情景。

狩獵採集者的習慣

我小時候有幸住在一間獨立的屋子裡，座落在當時看似無邊無際的森林，沒有緊鄰的右鄰右舍。我在遛狗時（自然而然地）認識了哪些蘑菇可以吃，生長在哪裡，還有一年當中的哪些時間可以採摘哪些森林果實。八月和九月是採摘野生黑莓（*Rubus fruticosus*）的季節，但十月是特別豐盛的時節，因為那時我和妹妹會去我們所知道的一片甜栗樹（*Castanea sativa*）森林，熱切地採集這些帶刺的果實，然後帶回家，讓父親在火上烤，再取出裡面的美味珍品。如果我生性喜歡打獵（可惜我不喜歡），那麼我也會知道哪些樹林可能是鹿的家，兔子又會在哪裡挖洞，以及在哪裡可以找到鳥蛋。

如今我生活在一個截然不同的環境——海岸。我知道哪片海灘最適合牡蠣（*Ostrea edulis*）或竹蟶（*Ensis magnus*）生長。克羅默（Cromer）是我選擇定居的第二故鄉，以可供食用的螃蟹（*Carcinus pagurus*）聞名。我知道海豹上岸繁殖的地點，也知道初夏要去哪裡的鹽沼採收生長期極短的海蘆筍（*Salicornia europaea*）。

一般來說，狩獵採集者不會在地表任意遊蕩，而是遵循某種可預測的路徑，才能隨著季節變化好好地利用天然食物來源。他們知道野生動物在一年之中的某個時間會群聚出現在特定的地點；同樣的，當水果成熟時，他們會選擇走進合適的樹林；在合適的湖泊和河流等待魚兒上鉤等等。正是由於這樣的習慣，農業才得以開始發展。

「肥沃月彎」（Fertile Crescent）是指沿著地中海東岸從以色列南部向北延伸至土耳其的一片土地，然後沿著幼發拉底河（Euphrates）與底格里斯河（Tigris）的河谷向內陸和東南方延伸。一萬多年前，人類開始在此定居。由於狩獵採集群體的習慣變得一成不變，所以這些人當中——所謂的納圖夫人（Natufians）——有些就開始住在小村莊裡，每天往返於他們需要狩獵或採集的地方。一旦過起這樣的生活，他們想要的東西就變得不一樣了。

---

https://doi.org/10.1038/s41598-020-78214-4。

野草會長出種莢，成熟後種莢會裂開來，將種子散播到四周。早期的採集群體會在種莢成熟到一定的程度卻又還沒有破裂之前收割穀物，這樣他們就可以將種莢帶回家，然後研磨成粉。這些採集群體會選擇那些穀穗長得最大、又不易破裂的草，在帶回家的途中將一些穀粒散播到離家較近的地方——起初是不經意的，後來則是蓄意而為。這些人成了人類史上的第一批農民。

為什麼智人定居並轉向農業？

總之，故事就是從這裡開始說起，不過農業的起源仍充滿爭議而且複雜[148]。主要問題是：為什麼經過數十萬年後，智人會定居下來並轉向農業。這種現象不僅發生在肥沃月彎（人類在這裡首次馴化小麥和大麥），而且在其他地方也各自發生過好幾回。在短短幾千年間，農業開始在美國東部、中部美洲、安地斯山脈、亞馬遜地區、熱帶西非、衣索比亞、中國和新幾內亞高地出現。從地質時間來看，農業問世是全球性、同時發生的事。

這個問題的答案可能跟三個因素有關。首先，地球剛剛擺脫數十萬年來最寒冷的時期。兩萬六千年前，冰川覆蓋了歐洲和北美洲的大部分地區，不過恢復過程絕非緩慢穩定，到了大約一萬年前才終於平穩下來，進入目前這種可以忍受的溫暖階段。在此之前，氣候在溫暖與寒冷之間來回轉換，速度非常快，即使以人類個體的壽命為尺度都可以察覺到。氣候的不斷變化危及曾經可靠的食物來源，迫使人類尋求更靠得住的謀生手段。

其次則是人口增加。有好幾百萬年間，古人類都只扮演次要角色；此後，人類的數量開始增長，到達狩獵採集生活都無以為繼的地步。全球人口到底要增長到什麼程度才會觸及專業術語所稱的「承載力」（carrying capacity）上限，這是一個有待商榷的問題，我稍後還會談到這個話題。然而，我們可以合理地推測，全球智人的數量已開始超過地球為僅靠狩獵採集為生的人類所能提供的資源極限，而且人類在其他方面也開始感受到人口增長的壓力。

第三個因素，也是第二個因素造成的後果，即日益增長的人口潮導致地球上野生動植物資源枯竭。在距今兩萬六千至一萬年前的這段期間，體重超過四十公斤的動物（大約相當於一隻大型犬的體型），大多數都滅絕了[149]。這在美洲大陸最為明顯。關於人類何時首次進入美洲存在著許多爭議——據推測人類是經由遙遠北方的陸橋，從亞洲進入美洲——但是愈來愈多的證據顯示，人類是在上一次大冰河期的高峰期登陸美洲，時間大約在兩萬六千年前，甚

148 詳見 Diamond, J., Evolution, consequences and future of plant and animal domestication, *Nature* **418**, 700-7, 2002。

149 詳見 Stuart, A. J., *Vanished Giants* (Chicago: University of Chicago Press, 2021)。

至可能更早[150]。此後，他們以極快的速度從北到南橫掃整個大陸，此發展與大多數大型動物的滅絕同時發生，包括巨大的地懶以及跟汽車一樣大的犰狳。澳洲的物種耗竭幾乎同樣嚴重，巨型袋鼠以及河馬大小的袋熊都全部滅絕。

在整個歐亞大陸，一些標誌性的物種，如有長毛的真猛瑪象（*Mammuthus primigenius*）、披毛犀（*Coelodonta antiquitatis*）以及有顯著大角的巨型鹿（*Megaloceros giganteus*）等，都已經滅絕。在這些情況下，牠們滅絕的原因更加微妙了。氣候變遷發揮了一定作用，破壞了有「猛瑪象草原」之稱的極北地區之獨特生態環境——那是一種現今看不到的環境，混合了多樣化的動植物。人類加入這個環境之後，勢必加速幾乎不可避免的滅絕；但是無論有沒有人類加入，結果都是一樣的。由於氣候或人為因素，靠著獵殺大型動物維生都無以為繼，因為根本沒有大型獵物可供狩獵。

即便如此，動植物種類仍然多種多樣，而且我們很容易誇大人類對野生生物的直接影響。賈德．戴蒙還提出的另一個問題[151]：既然有這麼多樣的物種，為什麼人類只能馴化這麼少的動植物？儘管大多數的大型動物都消失了，但是存活下來的大型動物仍多達一百四十八種，而人類卻只馴化了其中的十四種。這當中有我們熟悉的牛和馬、豬和駱馬、山羊和綿羊，可能還有亞洲象，但是馴養的斑馬、犀牛、河馬和長頸鹿在哪裡呢？至於羚羊的種類更是族繁不及備載，從伊蘭羚羊到藍牛羚，還有牛羚、轉角牛羚、赤羚、沙羚、狷羚、扭角林羚、普度羚、劍羚和紫羚等等，這些全都未經馴化。在二十萬種開花植物中，也只馴化了大約一百種，供養大量人口，而其中只有少數幾種占據主導地位，例如小麥、大麥、稻米、小米、高粱和其他少數植物。正如戴蒙所言，人類之所以沒能馴化大部分的現有野生動植物，並不是因為沒有去嘗試。事實上，大多數生物都抗拒被人馴化。斑馬是出了名的凶猛；野牛也不會安分地關在圍欄裡，可以原地拔起，躍過一八〇公分高的柵欄；橡樹——即使是那些發生基因突變，使橡實變得可口的橡樹——壽命也比人類個體長得多，這個因素使其無法成為有用的培育植物。

150 最新的證據來自新墨西哥州可追溯到兩萬三千至兩萬年前的化石足跡。起初，這個日期還存有一些爭議，但是後來的證據似乎已經證實為真。墨西哥一處洞穴中的文物也顯示，這裡曾經有人居住過，時間甚至更早，可追溯到三萬三千年前。詳見 Pigati, J. S., *et al.*, Independent age estimates resolve the controversy of ancient human footprints at White Sands, *Science* **382**, 73-5, 2023; Ardelean, C. F., *et al.*, Evidence of human occupation in Mexico around the Last Glacial Maximum, *Nature* **584**, 87-92, 2020。

151 詳見 Diamond, J., Evolution, consequences and future of plant and animal domestication, *Nature* **418**, 700-7, 2002。

農業帶來飢荒和傳染病

人口壓力增加，再加上飲食缺乏變化，對人類福祉帶來了災難性的影響[152]。愈來愈傾向久坐不動的生活方式，以及長期仰賴少數富含澱粉的植物性食物，導致人類健康狀況急劇惡化。初期的農民不像他們狩獵採集祖先長得那麼高，這種發育遲緩在童年和青少年時期最為明顯。營養不良現象十分普遍，由於僅依賴少量的幾種農作物，讓人類很容易遭受因惡劣天氣導致作物歉收的影響[153]。早期農業聚落遺留下來的骨骼顯示，當時人類蛀牙和骨骼畸形的發生率明顯上升，這是因為飲食中缺乏像鐵和其他各類必要礦物質之類的微量營養素所致，而狩獵採集族群則沒有這種缺陷；另外，他們也出現傳染病增多的跡象。

這倒不是說狩獵採集族群沒有疾病——事實並非如此。他們跟野生動物一樣，都在蠕蟲、跳蚤和蝨子等寄生蟲的壓力之下勞動[154]。然而，他們通常不會罹患在人與人之間傳播的疾病，因為那時候人口不多，而且距離較遠，又有天然屏障會阻礙疾病傳播。他們也不會感染在動物和人類之間傳播的疾病，因為他們不會跟動物長時間相處，很快就將牠們宰來煮熟吃掉了。

當人類開始長期居住在狹小而密集的永久性居所，而且通常還飼養雞、豬等家畜時，才開始有人與動物之間傳播的疾病蔓延。彼此距離如此接近，再加上普遍缺乏衛生設施，以及因為跟人類在一起生活而滋生的害蟲種類增多，為眾多新型傳染病提供了理想的滋長溫床。

許多疾病都是因為農業才出現的，例如：結核病（一種牛病）、鼠疫（透過老鼠身上的跳蚤傳播）和流感（家禽傳播）等。呼吸道疾病可以從動物傳播給人類——很不幸的，現在地球上的每個人都知道了這一點。我是在新型冠狀病毒疫情持續期間寫這本書的，儘管這種疾病的來源一直存在爭議，但是大多數科學家都認為，引起這種疾病的病毒是透過直接接觸動物才傳播給人類的，不過此動物可能是捕獲的野生動物而不是豢養的動物[155]。然而，禽類是另一種比較不為人所知的流行病源頭，也就是禽流感；這種病毒正在世界各地的禽類群體中傳播，現在已經開始感染到牛身上，並且透過牛奶傳播[156]。與新型冠狀病毒相比，禽流感沒有那麼受

---

152 Roosevelt, A. C., Population, health, and the evolution of subsistence，收錄在 Cohen, M. N., and Armelagos, G. J. (eds), *Paleopathology at the Origins of Agriculture* (Gainesville: University Press of Florida, 2013), 559-83。

153 Alfani, G., and Ó Gráda, C., The timing and causes of famines in Europe, *Nature Sustainability* **1**, 283-8, 2018。

154 除非你曾經將野生動物開膛剖肚，否則很難體會到牠們體內寄生蟲的侵害程度。即便是在實驗室解剖過大小老鼠的學生，幾乎也從未遇過這樣的情況，因為他們解剖的動物都是由專門出售動物給實驗室和寵物貿易商的公司所提供的，這些動物都是經過專門飼養，沒有疾病。比方說，我飼養的寵物蛇球蟒（*Python regalis*）每兩週要吃一隻老鼠。但是無論蟒蛇還是我，都不會去抓野鼠，而是我從一家專門的寵物店購買一包包冷凍老鼠，每包十隻。不過我岔題了。我不知道現在學校裡是否還有解剖動物的課程。當我還是學生的時候，我們解剖的貓鯊（*Scyliorhinus canicula*）都是從海裡捕獲的鮮貨（我的生物老師認識那位漁夫）。但是，當我們剖開新鮮貓鯊的肚子時，率先映入眼簾的是一團扭動的蛔蟲。這條可憐的魚就好像是個裝滿濕義大利麵條的運動旅行袋。

155 Li, J., *et al.*, The emergence, genomic diversity and global spread of SARS-CoV2, *Nature* **600**, 408-18, 2021。

156 Kozlov, M., Huge amounts of bird-flu virus found in raw milk of infected cows, *Nature*, 5 June 2024, https://www.nature.com/articles/d41586-024-01624-1。

到關注，因為這種病毒不容易傳播給人類，可是一旦感染，卻可能帶來致命的後果[157]。

說也奇怪，儘管農業帶來了飢荒和瘟疫，卻沒有減少人類數量，反而進一步增加了人口。狩獵採集群體通常很少生育：婦女通常會先給前一個孩子斷奶，然後再懷上另一個孩子。然而，農業傾向於提早斷奶，因而增加懷孕頻率，也更快地生育出更多人口，甚至足以彌補更高的死亡率。

從青銅和鐵器時代考古遺址出土的帶噴嘴小型容器，就是最好的證據，顯示當時的嬰兒以反芻動物的乳汁為食（如牛奶或羊奶）[158]。隨著嬰兒開始喝反芻動物的乳汁，成年人也開始喝。這一點很奇怪，因為成年人類普遍缺乏消化乳糖（牛奶中含有的糖）的能力，直到最近才有所改善。儘管如今仍有許多成年人都有乳糖不耐症，但是隨著農業的出現，消化乳糖的能力已在人類中傳播開來。起初，人們飲用反芻動物的乳汁作為飢荒時期的備用食物[159]；但是畜牧業迅速傳播，遊牧民族很早就開始擠羊奶（甚至馬奶）[160]。這種消化乳汁的能力——即使是成年人——顯示農業不只是讓人類面臨營養不良和疾病，而是有更深遠的影響。農業促使人類演化。

代謝症候群反映演化

這種演化似乎體現在現代的另一個禍害之中，也就是肥胖的流行，尤其與第二型糖尿病的發生率有關。狩獵採集群體吃的食物種類繁多，不過因為他們三餐不繼，吃了這一頓，不知道下一頓在哪裡，所以遇到食物充足的罕見情況，往往會暴飲暴食，尤其是那些高熱量的食物。正如賈德．戴蒙在其他地方所說的[161]，儘管我們在超市覓食，也習慣了富足的生活，但卻仍然保留著祖先的傾向，在有食物吃的時候暴飲暴食。可是，當食物隨時都唾手可得時，尤其是富含澱粉和糖分的食物（與野生的親戚相比，農產品通常都富含澱粉和糖分），我們就有可能患上科學家所說的「代謝症候群」，也就是對血液中高濃度葡萄糖的耐受性受損，可能導致第二型糖尿病[162]。然而，在現代社會，有歐洲祖先血統的民族，其糖尿病發生率遠低

---

157 禽流感的各種病毒株已多次跨物種傳播給人類。一九一八年的流感大流行造成的死亡人數比第一次世界大戰還多，其病毒就是源自於一種鳥類宿主。有關禽流感的現況，請參閱 https://www.ncbi.nlm.nih.gov/pmc/articles/PMC2095018。

158 Dunne, J., *et al.*, Milk of ruminants in ceramic baby bottles from prehistoric child graves, *Nature* **574**, 246-8, 2019。

159 Evershed, R. P., *et al.*, Dairying, diseases and the evolution of lactose persistence in Europe, *Nature* **608**, 336-45, 2022。

160 Wilkin, S., *et al.*, Dairying pastoralism sustained eastern Eurasian steppe populations for 5,000 years, *Nature Ecology & Evolution* **4**, 346-55, 2020; Wilkin, S., *et al.*, Dairying enabled Early Bronze Age Yamnaya steppe expansions, *Nature* **598**, 629-33, 2021。

161 Diamond, J., The double puzzle of diabetes, *Nature* **423**, 599-602, 2003。

162 這與第一型糖尿病，也就是胰島素依賴型糖尿病，有所不同。

於其他人，比方說，低於太平洋島國居民。戴蒙認為這是演化的產物，因為歐洲人很早以前就開始轉向富含澱粉、糖分的飲食，因此糖尿病在歐洲人的流行已經結束。具有糖尿病遺傳傾向的人往往還沒有留下後代就死了，因此他們的基因也會跟著消滅，但是這種流行病仍然存在，尤其是那些最近才轉向西方飲食的人。

這樣的演化至今仍然清晰可見。太平洋島國諾魯是全球代謝症候群發生率最高的地方之一。根據一項對該島居民的研究，一九八七年，近四分之一的諾魯人患有第二型糖尿病（二十四％）；然而，在那個時候，葡萄糖不耐症（糖尿病的前兆）的發生率已經從一九七五至七六年間的百分之二十一．一下降到百分之八．七。這份研究的作者[163]指出，由於患有第二型糖尿病的患者比沒有糖尿病的人死亡率更高、生育能力更低，因此那些有糖尿病傾向的諾魯人基因可能就從基因庫淘汰——幾個世紀前的歐洲就發生過這種情況。即使在過了一萬年後，我們仍然能夠感受到高熱量、高糖飲食的後果。

人口持續增加以及依賴相對少數的農作物，導致人類面臨飢荒。在工業革命之前，歐洲人經常遭遇飢荒，主要是因為惡劣天氣，不過在人口眾多時，也最常發生飢荒。值得注意的是，十四世紀黑死病爆發後的兩百年間，卻很少發生飢荒，大概是因為那場流行病奪走了許多人的生命，因此倖存下來的人享受了一段比較寬裕的時期[164]。

維持糧食安全有困難

工業革命之後，飢荒就比較少見了，至少在歐洲是如此，不過飢荒倒也沒有完全消失。後來的飢荒成因多半都不是自然因素，反而是暴政或管理不善，或者說，至少是因此導致飢荒惡化。我們想到的例子大概就是蘇聯共產主義早期的飢荒，或是中國的「大躍進」時期，不過有個特別值得注意的案例則是一八四〇年代的愛爾蘭馬鈴薯飢荒，那是因為馬鈴薯感染了像真菌的病原體——馬鈴薯晚疫黴（*Phytophthora infestans*）——導致馬鈴薯枯萎歉收。儘管這種疾病在一八四〇年代肆虐歐洲（而且直到今天都還存在），但是惡劣的天氣加劇了疾病對愛爾蘭的影響。大量人口過度依賴單一作物，不在當地的英國地主沒有好好管理土地，甚

163 Dowse, G. K., *et al.*, Decline in incidence of epidemic glucose intolerance in Nauruans: Implications for the "thrifty genotype", *American Journal of Epidemiology* **133**, 1093-1104, 1991。

164 Alfani, G., and Ó Gráda, C., The timing and causes of famines in Europe, *Nature Sustainability* **1**, 283-8, 2018。

至置若罔聞，還有倫敦政府缺乏同情心等等，都是導致飢荒加劇的因素。有數百萬人餓死，數百萬人移民，尤其是移民到美國，讓愛爾蘭的人口急劇下降。

這對現在的人來說應該是一個教訓。由於大量人口依賴少數幾種農作物，維持糧食安全十分困難，尤其是在當今這個大量人口愈來愈相互依存的世界中。我在寫這本書時正值俄羅斯入侵和占領烏克蘭大片土地，而烏克蘭又是全球主要的小麥生產國。戰爭擾亂了農作物的生長與配送，導致全球糧食價格大幅上漲。

話雖如此，人類從來不會很快地學會教訓。農民不只是種植少數幾種作物，而且還僅限於那些在密集種植時可產出大量農產品的品系或品種。以香蕉為例[165]，這種植物大約是七千年前開始在東南亞被人馴化，但是目前全球一半的產量都依賴單一品種香芽蕉（Cavendish）。更糟糕的是，所有的香芽蕉都是透過無性繁殖複製出來，這就表示它們在基因上是完全相同的，成了吸引各種害蟲與疾病的磁鐵，對作物的生產構成了嚴重威脅。當然，現在這個世界就算沒有香蕉也能生存下去，但是對於所有作物來說，這都是一個顯而易見的教訓。

狩獵採集群體或許總是在飢餓邊緣徘徊，但是他們通常不會遭受到因農業發明而出現的大規模營養不良和其他健康問題，也不必承受人口密度增加、疾病和飢荒的額外負擔。與後農業時代的人口相比，他們吃的食物種類更加豐富，只依賴相對少量的澱粉類主食作物，因此就算這些作物歉收，也不會面臨飢荒。

鑒於農業的明顯好處，你可能會覺得我抗議太多。可以肯定的是，現在仍有數十億人缺乏乾淨飲用水和均衡飲食，不過就算是真的，那麼這種匱乏的原因主要還是治理不善、貪腐和戰爭等人類自身的弱點，而不是作物歉收本身。

相較於幾百年前，現在人類（一般而言）有更好的治理，受過更好的教育，營養更好，面臨的衝突也更少。真是如此嗎？根據國際貨幣基金組織的數據，自二〇一八年以來（這是在俄羅斯入侵烏克蘭糧倉之前），糧食安全狀況就一直惡化，這是因為洪水、暴風雨和乾旱等氣候衝擊頻率增加——即氣候變遷的後果——再加上區域衝突加劇所致[166]。二〇二三年，四十八個國家有約兩億三千八百萬人面臨人道救援網站 ReliefWeb 所稱的「高度糧食不安全」[167]，比二〇二二年增加百分之十。

飢荒正以前所未有的速度朝著我們襲來。此事發生在一個不祥的年代，因為在人類歷史

165 D'Hont, A., *et al.*, The banana (*Musa acuminata*) genome and the evolution of monocotyledonous plants, *Nature* **488**, 213-7, 2012。

166 詳見 https://www.imf.org/en/Blogs/Articles/2022/09/30/global-food-crisis-demands-support-for-people-open-trade-bigger-local-harvests。

167 https://reliefweb.int/report/world/global-food-crisis-what-you-need-know-2023#:~:text=The%20global%20food%20crisis%20is,10%25%20more%20than%20in%202022。資料來源：European Commission's Directorate-General for European Civil Protection and Humanitarian Aid Operations。

上，從來沒有這麼多的人依賴這麼少種類的作物來獲取熱量。農作物需要遺傳資源來應對日益不確定的時代，但是不只是農作物的遺傳資源枯竭，人類也逐漸喪失其遺傳韌性。

06 疾病蟲害
Pox-Ridden, Worm-Eaten and Lousy

戰爭、瘟疫、飢荒，這三重災難折磨著查士丁尼皇帝（Justinian）的臣民。他的帝國因人口明顯減少而蒙羞，導致世界上一些最美麗的國家此後人口銳減，再也沒有彌補回來。

——愛德華．吉朋，《羅馬帝國衰亡史》

假設我們回到一六五二年，當時荷蘭東印度公司在非洲最南端的好望角建立了一個小殖民地，會在如此遙遠的地方設立據點，是為了替繞過好望角前往當時東印度群島的船隻提供補給，好讓他們繼續航行漫長的航程。有些殖民者離開了公司並開始自行耕種。正如農業社群中常見的情況一樣，這裡也有女性短缺的問題：農民需要妻子。為了滿足這項需求，該公司送了一批孤兒女孩過去，希望她們能夠嫁給農民[168]。一六八八年，一位農民，來自戴凡特的蓋瑞特．詹斯（Gerrit Jansz van Deventer），跟一位來自鹿特丹的女孩阿德莉安婕．安德莉恩（Adriaantje Adriaanse van Rotterdam）結婚了。

其中出現了一個缺陷。蓋瑞特與阿德莉安婕身上都帶有一種容易罹患異位型紫質症（porphyria variegata）的基因突變。在這種情況下，身體無法分解多餘的血紅素——一種含鐵物質，會攜帶氧氣在血液中流動，使血液呈現紅色。罹病患者會有各種症狀，包括皮膚變色，尤其是在陽光下曝曬之後（因此產生了聳人聽聞的傳說，認為紫質症是神話中的吸血鬼厭惡日光的真實解釋）。

父母雙方各自為孩子提供任一特定基因的兩個副本。通常，來自父母任一方的一個健康基因副本會覆蓋來自另一方的突變基因副本，孩子就不會患上該疾病（不過他們仍有可能遺傳給自己的孩子）。然而，紫質症卻不一樣，父母任何一方有缺陷的基因突變副本都可能導致孩子生病。這種疾病對男孩女孩都有影響，可是症狀卻有很大差異。有些患者幾乎沒有任何症狀：儘管有紫質症的家族病史，並沒有阻止蓋瑞特與阿德莉安婕建立一個王朝。在阿非利卡人（Afrikaners，荷蘭移民後裔南非人）之中，有很大一部分人的祖先可以追溯到他們的結合——如今大約有四萬名南非人遺傳到這種突變，因此在所有現存的不同類型紫質症中，異位型紫質症與南非的關係特別密切。

南非的異位型紫質症發生率比整個人類群體要高出許多，即便跟蓋瑞特與阿德莉安婕兩人的祖國荷蘭相比，當然也是高出許多。然而，在好望角殖民的人只占荷蘭人口的一小部分，只是因為其中一名殖民者帶有缺陷基因，就導致這種疾病在殖民地的發生率大幅提高。阿非利卡人異位型紫質症發生率的偏差，就是所謂「創始者效應」（Founder Effect）的一個例子。

創始者效應與遺傳疾病

創始者效應的作用如下：假設你有一袋橡皮球，你知道袋子裡有一百顆球，其中九十九顆是藍色的，只有一顆是紅色，所以紅球的比例是百分之一；再想像一下，假設你從袋子裡隨機取出十顆球，在大多數情況下，你挑到的十顆球都是藍色的，但是在極少數情況下，你也可能選中紅球。雖然紅球的數量沒有變化，但是紅球的比例已經從百分之一（在整個袋子中）躍升至十分之一（在你挑選的樣本中）。這就解釋了為什麼在荷蘭人口中罕見的突變（所有藍球中唯一的一顆紅球），在好望角殖民地荷蘭拓荒者的小型樣本中卻會變得更加普遍。

168 https://www.porphyria-patients.uct.ac.za/ppa/types/variegate。

在好望角殖民初期，荷蘭拓荒者的配偶選擇很少，在可能的對象中很多都是有血緣關係的，也就增加了近親繁殖的機率，而近親繁殖的一個結果就是放大原本罕見的突變發生率。於是，原本已經因為創始者效應而極度擴大的紫質症突變基因，又進一步擴散。創始者效應以及隨之而來的近親繁殖（這是必然的結果，因為創始者的群體很小），在小型社會中很常見，因為小型社會不鼓勵在群體之外尋找伴侶。這樣的社會很容易出現某些特殊的遺傳疾病。例如：賓州艾米許人的躁鬱症發生率比一般人高[169]，而克隆氏症在阿什肯納茲猶太人（主要為東歐血統的猶太人）中的發病率也比較高[170]。我們已經看過近代歐洲初期高度近親繁殖的哈布斯堡王朝——一個社會中的社會——也十分同情可憐愚昧的查爾斯二世，這位西班牙王室分支的最後一位繼承人。

有時候，某些族群雖然比其他人更容易罹患某種遺傳疾病，卻也可能具有優勢——某些輕微的遺傳疾病可以保護患者免受更嚴重的疾病所苦。除了克隆氏症之外，阿什肯納茲猶太人患有高雪氏症（Gaucher disease）的人也多得不成比例，這是一種遺傳性疾病，會導致內臟器官（主要是脾臟和肝臟）腫脹並容易骨折。病患的症狀可能有所不同，有人的情況很嚴重，卻也有人幾乎察覺不到這種疾病。然而，有研究指出，患有這種疾病的人對結核病具有相對的免疫力。高雪氏症患者細胞內積聚的物質具有抵抗結核分枝桿菌（*Mycobacterium tuberculosis*）的功效，也就是引起結核病的細菌。在中世紀，城市裡的猶太人全都居住在擁擠的貧民區，結核病等疾病十分猖獗，可能是因為有害的高雪氏症突變具有抵禦結核病的作用，所以天擇才讓它得以繁衍[171]。

好像看得愈多，在人類族群中出現的創始者效應也愈多，無論是古代還是現代，從芬蘭人到羅馬人，從巴布亞新幾內亞居民到法裔加拿大人。基因分析顯示，從美洲原住民到太平洋島民，許多現代人群體都曾在歷史上經歷過比阿什肯納茲猶太人更為明顯的創始者效應，可能是因為現代人都是一小群創始者或歷史上較小規模群體的後裔[172]。或許不令人意外，創始者效應在人口較少的島嶼上尤其明顯。從蘇格蘭的奧克尼群島（Orkney）到地中海的馬爾他、從薩丁尼亞（Sardinia）到冰島，這些島嶼的居民中都出現過創始者效應。另外，狩獵採集群體如俾格米人（Pygmies），還有貝都因人（Bedouin）這些遊牧民族和一般原住民與部落群體中，也都可以看到強烈的創始者效應。有鑑於人類在整個歷史中幾乎都是狩獵採集者，我們不得不說這一點有重要意義。在幾乎整個人類歷史中，智人都是以小群體的形式存在，其

---

169 https://psychnews.psychiatryonline.org/doi/full/10.1176/pn.40.24.0021。

170 https://www.healthline.com/health/crohns-disease/jewish-ancestry。

171 Fan, J., *et al.*, Gaucher disease protects against tuberculosis, *Proceedings of the National Academy of Sciences of the United States of America* **120**, e2217673120, 2023。

172 Tournebize, R., *et al.*, Reconstructing the history of founder events using genome-wide patterns of allele sharing across individuals, *PLoS Genetics* **18**, e1010243, 2020。

中有許多群體滅絕了，或許有些群體倖存下來，那也是因為少數堅韌的靈魂在滅絕面前堅持下來，創始了下一代。

基因同質性高易患相同病痛

創始者效應的教訓是顯而易見的。所有由小群體創始者繁衍而來的族群，都會有一點遺傳變異。他們往往會有同樣的病痛，也同樣容易罹患相同的疾病。這種情況似乎也適用於整個人類物種。從世界各地選出來的人類樣本之間會有明顯可見的特徵差異（例如膚色），然而這種差異其實只是表面的。如前文所述，一小群野生黑猩猩的遺傳變異比整個智人族群的遺傳變異都還要大。而且不只是黑猩猩，就連族群數量少到幾乎瀕臨滅絕的大猩猩與紅毛猩猩，牠們的基因多樣性也比人類豐富得多[173]。這意味著人類物種已經過了所謂的「瓶頸」階段。在這種情況下，大多數物種都將滅絕，幾乎所有的遺傳變異也會隨之消失。物種的延續將取決於剩餘的極少數甚至可能隨機的樣本——也就是說，創始者效應會影響整個物種。

事實愈來愈明顯，非洲以外的整個人類都是由大約十萬至五萬年前離開非洲大陸的一小群人演化而來的。事實證明，非洲的人類多樣性比世界其他地區更豐富，而且歷史也更悠久。

換句話說，非洲以外的整個人類群體只不過代表廣闊而繁茂的非洲叢林中的一根小樹枝而已。

但是事情遠不止如此。即使將非洲人的多樣性列入考量，人類的多樣性仍遠不及黑猩猩、大猩猩與紅毛猩猩。這意味著，造成人類多樣性相對匱乏的「創始者效應」必然在過去某個時候遭遇了瓶頸，也就是一個堵塞點，而且可以追溯到人類離開非洲之前。

我在拙作《地球生命簡史》中，講述了在我們這個物種離開非洲之前，智人幾乎瀕臨滅絕的故事。構成我們這個物種的小群體本來就很稀少，先在這裡消失，然後在那裡消失，直到整個物種被限制在喀拉哈里沙漠（Kalahari Desert）的一個綠洲。這個小小的殘存群體在這裡停留了七萬年，直到有一段時間的氣候變得比較溫和，才得以突破限制，散布到整個非洲，進而遍布全世界。如果世界上真的有伊甸園的話，那就一定在這片綠洲——只是曾經鬱鬱蔥蔥的馬加迪卡迪湖（Lake Makgadikgadi），此後就慢慢乾涸，變成了不適合居住的鹽田[174]。

這是一個精彩的故事，可惜並未獲得科學界的普遍青睞。目前的共識是，智人在非洲的起源涉及遍布非洲的幾個族群，這些族群在數萬年乃至於數十萬年間不斷分化和混合，形成

173 Kaessmann H., *et al.*, Great Ape DNA sequences reveal a reduced diversity and an expansion in humans, *Nature Genetics* **27**, 155-6, 2001。

174 Chan, E. K. F., *et al.*, Human origins in a southern African palaeo-wetland and first migrations, *Nature* **575**, 185-9, 2019。

一個鬆散的聯盟[175]。然而，我確實相信這個故事是真的——即使只是當成一首詩來欣賞。無論馬加迪卡迪湖是否真的就是當今所有人類的誕生地，基因告訴我們，智人在過去幾乎瀕臨滅絕，而且可能不只一次，而是好幾次。最近的研究顯示，在人類史前時期，生活在非洲的現代人類祖先人口數量一度下降到只有大約一千兩百八十個可繁殖個體，而且一直保持這種狀態，在滅絕的邊緣徘徊了十幾萬年，大約在距今九十三萬至八十一萬三千年前[176]。

由於地球上的每一個人都是很久以前生活在非洲的一小群人的後裔，因此創始者效應蔓延到整個物種。或許正是因為這種創始者效應，智人很容易罹患一連串的疾病，就如同好望角殖民地的創始者一樣。

人類疾病的傳播途徑

儘管傳染病種類繁多，不過大致可分為六類。

首先是蠕蟲——諸如絛蟲、蛔蟲，以及在熱帶地區為禍的血吸蟲等寄生蟲。

然後是原生生物，這是一種單細胞生物，例如造成瘧疾的瘧原蟲，引起昏睡病的錐蟲，以及導致痢疾的病原體，如阿米巴原蟲和梨形鞭毛蟲。

接下來是細菌——一種比原生生物小很多、結構也簡單很多的單細胞生物，不過數量卻多很多。細菌性疾病包括許多古老的禍害，如鼠疫（鼠疫桿菌）；結核病和痲瘋病；淋病、梅毒等性病；白喉、炭疽病、傷寒、破傷風和霍亂；通常無害的金黃色葡萄球菌（一種生活在人體皮膚上的常見細菌，卻可能在醫院造成致命問題）可能會出現毒性菌株；還有大腸桿菌（一種生活在我們腸道中的常見細菌，偶爾會出現異常，讓人生病）。

第四類是真菌，這是一種相對較輕微的疾病來源，例如香港腳、鵝口瘡，不過有些真菌感染，如麴黴病（也就是麴黴真菌進入肺部造成感染），如果不及時治療，可能會致命。

第五種是病毒引起的疾病，如麻疹、水痘、狂犬病、天花、腮腺炎、德國麻疹、小兒麻痺、黃熱病、流感、愛滋病、伊波拉病毒、新冠病毒，以及永遠揮之不去的普通感冒。病毒通常比細菌還小，是遺傳物質的微型包裹，一直處於休眠狀態，直到進入更大的細胞，它們會開始破壞細胞組織，成為製造更多病毒的工廠。病毒不僅感染人類和其他動物，還會攻擊原生生物、細菌甚至其他病毒。

第六類包括一種數量少但神祕且致命的腦部疾病，其病原體是一種叫做朊毒體的物

175 Bergström, A., *et al.*, Origins of modern human ancestry, *Nature* **590**, 229-37, 2021。
176 Hu, W., *et al.*, Genomic inference of a severe human bottleneck during the Early to Middle Pleistocene transition, *Science* **381**, 979-84, 2023。

質，又稱為普利昂蛋白（prion）。這些是身體內正常蛋白質的畸形版本，會將異常的蛋白質形式傳遞給其他正常蛋白質，進而破壞分子。這些疾病包括庫賈氏症（Creutzfeld-Jacob disease），這是一種與牛海綿狀腦病（bovine spongiform encephalopathy，又稱為BSE，即俗稱的狂牛病）相關的變體[177]。所幸，朊毒體疾病非常罕見，只不過在新幾內亞的一個傳統部落社會中，有一種名為庫魯病（Kuru）[178]的朊毒體疾病是經由食人行為傳染，這是當地葬禮儀式的一部分。

疾病史學家凱爾・哈珀（Kyle Harper）在《瘟疫與文明》（*Plagues Upon the Earth*）[179]一書中指出，我們的近親黑猩猩很少染病，儘管牠們會生吃猴肉，還有我在前言中提到的一些令人作嘔的生活習慣；相形之下，我們人類就要承受著大量疾病的負擔。

然而，人類得到傳染病的機會還是比黑猩猩少得多。在過去幾百年間，傳染病已經不是人類生病或死亡的主要原因。由於衛生條件和抗生素等現代藥物的進步，當今人類比較少罹患傳染病，反而更容易因為其他因素生病，例如：老化（阿茲海默症、帕金森氏症）；生活型態（癌症、心臟病、中風）；罕見的基因疾病（即遺傳疾病）；或者是事故意外。話雖如此，我們仍會感染傳染病，就像狗身上會有跳蚤一樣。凱爾・哈珀列出了兩百三十三種已知傳染人類的疾病，其中包括八十五種病毒、七十三種細菌、二十一種原生生物、七種真菌和四十七種蠕蟲（不過他沒有提到朊毒體）。

目前已知黑猩猩身上帶有大約二十八種病毒，比人類少很多，其中一些病毒還是從人類身上感染的。一九九九年，西非塔伊（Taï）雨林中幾乎有五分之一的黑猩猩因為人類傳染的各種疾病而死亡。他們首先感染了呼吸道融合病毒（respiratory syncytial virus）——這是人類嬰幼兒呼吸道感染的主要原因——然後因為常見的肺炎鏈球菌（Streptococcus pneumoniae）引起肺炎死亡。

對黑猩猩來說，蠕蟲和原生生物是比細菌和病毒更重要的致病因子，對我們的古人類祖先來說也是一樣。自從我們從樹梢下來，開始為了耕作而翻動土壤（眾所周知土壤裡充斥著各種蠕蟲，而不是只有蚯蚓），並且從鄰近我們自己和動物排洩的地方獲取食物和飲水以來，我們與蠕蟲的聯繫就愈來愈密切。人類之所以會生病，是因為我們獨特的歷史：生活在大型、密集又不衛生群體中的人類最容易吸引病毒和細菌在其間繁衍生息。城市——人類獨有的創新發明——在歷史上曾經是死亡陷阱，唯有仰賴足夠的移民來取代死於傳染病的都會人口，城市才得以存續。直到現代汙水處理系統問世之後，城市才能夠發展，成為過剩人口的淨來

177 美國疾病管制與預防中心，https://www.cdc.gov/prions/vcjd/index.html#:~:text=There%20is%20now%20strong%20scientific,outbreak%20of%20vCJD%20in%20humans。
178 Medline Plus, https://medlineplus.gov/ency/article/001379.htm。
179 Harper, K., *Plagues Upon the Earth* (Princeton: Princeton University Press, 2021)。

源，而非讓人死於骯髒與不衛生的惡臭汙水池。

許多人類疾病的傳播途徑都是我們馴養、捕獵或是以其他方式靠近人類的動物。這種疾病稱為人畜共通傳染病，可以追溯到農業誕生之初。在凱爾·哈珀列出來的兩百三十三種人類傳染病中，有一百種是人畜共通的。各種類型的流感（來自鳥類、豬和牛），鼠疫桿菌（來自老鼠身上的跳蚤），以及豬囊蟲病（來自感染有鉤絛蟲又未煮熟的豬肉）——這些還只是這個致命軍團的其中一小部分而已。

然而，哈珀的名單低估了問題的嚴重性。儘管我們可能直接從動物身上感染上百種不同的疾病，但是有些僅在人類身上發現的疾病卻與動物疾病有密切關聯，這顯示這些疾病的源頭是在歷史上某個時期與人類密切接觸的動物，例如結核病（來自牛）。較近期的例子包括跟猿猴身上病毒密切相關的第一型人類免疫缺乏病毒；當然還有新冠病毒，與蝙蝠身上發現的疾病也有密切關係，而我們已經知道蝙蝠身上攜帶了多種病毒[180]。不斷增長的人類群體遇到愈多先前未受干擾的野生生物，一些看似不太可能的動物病原體就愈有可能入侵人類族群，並且在人類身上找到一個肥沃且缺乏保護的潛在征服領域。

許多與疾病相關的生物跟著我們一起演化，有些甚至還是人類生態系獨有的生物，其中最早為人所知的恐怕就是前文提到的人類體蝨[181]了。

可以肯定的是，正是我們生活型態的改變（特別是從農業發明以來）以及大規模群居且久坐不動的生活習慣，導致了人類的許多疾病。即便如此，疾病對人類造成的損失似乎太大了。或許正是人類基因的同質性太高，才會讓我們如此脆弱。

先天及後天免疫機制

遺傳變異是阻止疾病傳播的重要手段。二十多億年前，生物演化出一種遺傳物質的洗牌方式，維持遺傳變異永遠領先疾病一步。這種洗牌機制稱為「性」。一般來說，相較於透過有性繁殖的生物，單純藉由自我複製進行繁殖的生物更容易受到疾病的侵襲。依賴遺傳變異的身體系統之一是免疫系統。大多數生物對疾病都有某種程度的基礎免疫力，即所謂的「先天性」免疫。

然而，在某些動物（包括人類）身上，先天免疫系統透過另一個系統增強，藉此讓身體可以從自身經驗中學習。如果生物感染了某種疾病並且存活下來，它的免疫系統就會保留對感染的記憶，下次遭到威脅時就能更有效率地應對疾病。這就稱為「後天性」免疫，也是疫

---

180 Irving, A. T., *et al.*, Lessons from the host defences of bats, a unique viral reservoir, *Nature* **589**, 363-70, 2021。

181 Kirtler, R., *et al.*, Molecular evolution of *Pediculus humanus* and the origin of clothing, *Current Biology* **13**, 1414-17, 2003。

苗接種的基礎。在接種疫苗時，會將已經死亡或減毒的病原體注射到人體內，藉以「訓練」免疫系統在真正感染病原體時可以應付疾病。目前，疫苗接種是對抗病毒性疾病的唯一可靠方法[182]，成效卓著，讓天花和小兒麻痺之類的可怕疾病徹底消失，或者說至少非常罕見。半個世紀前，當我還是小孩的時候，麻疹是一種會導致兒童死亡或殘疾的疾病。不過那已是過去式了，現在我們有了疫苗，可以有效對付麻疹以及像腮腺炎、德國麻疹之類的其他兒童疾病。人們似乎已經忘記了麻疹的可怕影響，這或許也是某些地方因為疫苗安全性的錯誤訊息導致麻疹疫苗接種率下降的原因，造成許多悲慘的後果。

這些都是眾所周知的疾病，而人類的最大威脅來自於過去從未經歷過的疾病——通常是從另一個動物宿主傳播的疾病。新出現的疾病可能特別具有毒性，也就是說，疾病的症狀非常嚴重，甚至危及生命。毒性強且有致命危險的疾病會造成人口的巨大損失，但是通常也會自行消失。一旦病毒殺死了所有潛在宿主，自己也會隨之滅絕。

傳染病的威脅

歷史上充斥著各種現代從未見過的惡疾記載，其中一種就是所謂的「英國汗熱病」

（English sweating sickness）。這種疾病於一四八五年突然在英國出現，當時正值玫瑰戰爭結束，又恰逢亨利七世國王的加冕典禮，罹病者在數小時內便可能死亡。此病最後一次爆發的紀錄是在一五五一年，然後就悄無聲息了。這種可怕疾病的成因至今仍不清楚[183]。

通常，宿主和疾病會達成某種和解適應。疾病的毒性會降低，因此患者可能會生病，不過通常可以康復——然而在此之前，他們會將疾病傳染給他人。到了這個階段，這種疾病就已經適性歸化成為人類的疾病。

在航空旅行普及之前，可能有某一群人適應了某種疾病，但是在其他人群中則尚未發生。十五世紀末，當歐洲人首次大批來到美洲時，他們所帶來的疾病——如流感和天花——對當地居民造成的破壞遠比傳統的征服手段更為嚴重[184]。疾病傳播的速度甚至比入侵者的腳步還要快，因此當歐洲人抵達許多曾經人口眾多的美洲地區時，發現這些地方幾乎已是一片荒蕪。歐洲人可能也帶來了梅毒，不過這種疾病也有可能反方向傳播——隨著凱旋歸來的征服者回到歐洲。

---

182 細菌、原生生物和蠕蟲感染的疾病可以透過抗生素等藥物以及疫苗接種來控制。有些藥物可以對抗病毒，但是抗生素通常對病毒沒有作用。

183 Dyer, A., The English sweating sickness of 1551: an epidemic anatomized, *Medical History* **41**, 362-84, 1997。

184 挪威人更早就到了北美洲——大約在十一世紀——但是據推測因為人數太少，又居住在人口相對稀少的地區，因此沒有造成太大的衝擊。

在現代醫學發明之前，人類深受瘟疫與惡性傳染病所苦，這些疫病會消滅掉相當多的人口。我們可能會想起查士丁尼皇帝時期侵襲羅馬帝國的瘟疫，十四世紀的黑死病，以及第一次世界大戰後隨即爆發的所謂「西班牙流感」疫情。截至二〇二三年四月，新冠病毒已導致全球將近七百萬人死亡[185]，航空旅行更助長了它的傳播。以全球人口來說，這個數目看似很小，只有不到千分之一病故。然而，若不是科學家和臨床醫生的英勇努力，研發出有效的疫苗，這場疫情可能會奪走更多人的性命。

然而，戰爭仍在持續，我們當然會擔心下一次疫情的影響，就像英國汗熱病一樣，可能突然出現，突然造成可怕的損失。新的疾病不斷湧現。伊波拉病毒[186]、退伍軍人症[187]、茲卡病毒[188]、屈公病毒（Chikungunya）[189]和西尼羅河病毒[190]，這些是我不花腦筋就能立即想到的五種病毒，全都出現在二十世紀，並且從此成為讓人擔憂的不定時炸彈。誠如最近的新冠肺炎大流行所示，各國政府並不一定能夠做好應對突發事件的準備——雖然他們理應如此[191]。

事實上，以一個物種來說，人類明顯受到各種疾病蟲害所苦，究其原因，至少有一部分可以歸咎於缺乏遺傳變異，也就是人類歷史上多次「創始者效應」所導致的結果[192]。

回顧過去，人類族群數量一直維持在較低水平，因而容易受到創始者效應的影響，有一部分原因是**因為傳染病**。智人在歷史上感染過的傳染病，在每個現今存活的人類的基因裡都留下不可磨滅的傷痕[193]，這是過去偶然發生的嚴重汰劣跡象。

當今世界人口數量比以往任何時候都多，愈來愈多的人居住在人擠人的城市中，而且還有愈來愈多人因為衝突或氣候變遷搬往城市。同時，人類族群正不斷侵占僅存的少數野生生物棲地，使人們面臨更大的風險，可能會感染原本只在野生動物當中出現的新疾病。在這樣的條件下傳染病很容易滋長。

---

185 https://www.worldometers.info/coronavirus/。

186 美國疾病管制與預防中心，https://www.cdc.gov/vhf/ebola/about.html#:~:text=Ebolaviruses%20were%20first%20discovered%20in,gave%20the%20virus%20its%20name。

187 美國疾病管制與預防中心，https://www.cdc.gov/legionella/about/history.html#:~:text=Legionella%20was%20discovered%20after%20an,became%20known%20as%20Legionnaires%27%20disease。

188 世界衛生組織，https://www.who.int/news-room/feature-stories/detail/the-history-of-zika-virus。

189 世界衛生組織，https://www.who.int/health-topics/chikungunya#tab=tab_1。

190 歐洲疾病預防暨控制中心，https://www.ecdc.europa.eu/en/west-nile-fever/facts#:~:text=WNV%20was%20first%20isolated%20in,%2C%20Europe%2C%20Asia%20and%20Oceania。

191 在英國政府正式調查對新冠病毒疫情的處理情況期間，我負責編輯了調查報告文本的草案，調查的證據顯示，政府對這場疫情準備不足，如果有新的疫情再次爆發，可能還是會不知所措。

192 我的朋友布萊恩・克雷格在讀到這一段文本時，在草稿上寫道：「讀起來不甚愉快，對吧？」而接下來更不愉快的段落是我後來添加的。

193 Karlsson, E. K., *et al.*, Natural selection and infectious disease in human populations, *Nature Reviews Genetics* **15**, 379-93, 2014。

07 瀕臨邊緣 On the Brink

二十二位正式受封的嬪妃，藏書六萬兩千冊的圖書館，證明了他的興趣多元，從他留下的產物來看，二者都是有實際使用，而不只是為了炫耀而設計的。

——愛德華．吉朋，《羅馬帝國衰亡史》

儘管因為農業——事實上正是因為農業——也儘管有基因缺陷和疾病，人類數量的增長仍然勢不可擋。在智人存在的歷史中，幾乎全都依靠野外所能提供的食物勉強維持生計，這樣的生活方式最多只能支持一千萬左右的人類在整個地球上生存[194]。農業增加了地球支持人類的「承載力」，因此人口的數量和密度也隨之增加。無論是遺傳缺陷或是容易受到疾病感染，都無法阻擋人口增長的趨勢。事實上，我們忍不住會猜想，如果人類物種更多樣化，或者更不太容易罹患傳染病，地球現在需要養活多少人？

《人口爆炸》的預測

一九六六年的某天晚上，一位來自史丹佛大學的年輕生物學家乘坐計程車穿過印度德里的街道，洶湧的人群讓他留下了深刻的印象。

> 街道似乎人滿為患。有人吃飯、洗漱、睡覺；有人彼此互訪、爭吵、尖叫；有人將手伸進計程車窗內乞討；有人正在大小便；有人緊緊抓住公車；還有人趕牛放羊。到處都是人、人、人。

這位生物學家的名字叫做保羅．艾理希：這段文字是他在一九六八年出版的《人口爆炸》一書中第十五頁裡寫到的回憶[195]。艾理希根據自己在德里貧民窟的經歷，推斷出全人類將面臨可怕的未來，引起十分激烈的爭論。他在書中指責美國科學界，特別是生物醫學界，只對降低死亡率感興趣，卻不設法控制出生率：

---

194 Burger, J. R. and Fristoe, T. S., Hunter-gatherer populations inform modern ecology, *Proceedings of the National Academy of the United States of America* **115**, 1137-9, 2018。

195 Ehrlich, P. R., *The Population Bomb*（New York: Ballantine Books, 1968）。

美國生物學界的體制組成，主要都是那些控制死亡的學者：他們唯一的興趣就是經由降低死亡率來干預人口過程。他們既沒有這樣的背景、也沒有這樣的意願去理解這個問題[196]。

艾理希提出了一些看似嚴苛的解決方案：

經常有人提到的一項計畫就是暫時在供水或主食中添加滅菌劑，再由政府嚴格配給解毒劑的劑量，以達到期望的人口規模。那些對這項建議感到震驚的人大可以放心，由於該領域生物醫學研究嚴重不足，我們甚至沒有這個選項。如果現在的選擇只剩下這些添加劑或災難，那麼我們將面臨災難[197]。

他提出來的地緣政治解決方案，就是優先考慮國際援助，將所謂的低度發展國家劃分為民族國家；如今看來，這個方案太過嚴苛、家長式作風，甚至太過天真：

如果分裂的群體會發展得比原來的整個政治單位更好，那麼我們或許應該支持低度開發國家內的分離主義運動。或許我們應該支持卡坦加（Katanga），而不是剛果；或許我們現在應該支持比亞法拉（Biafra），而不是奈及利亞；或許我們應該援助西巴基斯坦，而不是東巴基斯坦（即孟加拉國）。將一些低度開發國家重新劃分或重新安排組合，尤其是沿著經濟軸線排，或許對我們有利[198]。

你可以去查閱在前文提到的各個分離運動所造成的內戰衝突——將卡坦加省從現在的剛果民主共和國分離出去（一九六〇－一九六三年），將比夫拉地區從奈及利亞分離出去（一九六七－一九七〇年），以及將孟加拉從巴基斯坦分離出去（一九七一年）——或許也會質疑為了艾理希所說的更高利益而掩飾這些血腥戰爭所造成的傷亡，究竟所為何來[199]。

這倒不是說艾理希提出的一些比較實際的建議都被當成了馬耳東風：

196 同上，p. 92。
197 同上，pp. 135-136。
198 同上，p. 165。
199 事實上，許多這樣的政體都是殖民勢力強加在當地居民身上的，完全無視當地文化和種族分歧，或許也不是巧合。

> 我們需要一部聯邦法律保障**任何**婦女在獲得醫生批准的情況下墮胎的權利[200]。〔粗體字為原文強調的重點〕

在英國，一九六七年通過的《墮胎法》允許在某些情況下墮胎，但是美國最高法院在一九七三年所做的羅訴韋德案（Roe v. Wade）裁決——也就是《人口爆炸》一書出版的五年後——賦予婦女墮胎權的保障，卻在最近遭到撤銷，至少在聯邦層面遭到否決。

《人口爆炸》以一種絕望甚至諷刺的口吻結束：

> 所幸，樂於工作的非技術性勞工可以大量繁殖人類。大約五百年後，在適當鼓勵繁殖的情況下，地球的人口密度可以達到每平方英尺（含陸地和海洋）約一百人。這種密度應該會讓最孤獨的人都感到開心[201]。

《人口爆炸》一書在當時激發了大家關注人口過剩對環境的影響——儘管瑞秋・卡森（Rachel Carson）的《寂靜的春天》（*The Silent Spring*）已於一九六二年出版，相形之下，《人口爆炸》算是後知後覺了。根據查爾斯・曼恩（Charles C. Mann）二〇一八年在《史密森尼

口爆炸》算是後知後覺了。根據查爾斯・曼恩（Charles C. Mann）二〇一八年在《史密森尼雜誌》（*Smithsonian Magazine*）上撰寫的文章——有一部分是在半個世紀後回顧一九六八年發生的事件——《人口爆炸》直接或間接地助長了貧困地區降低生育率的計畫，這些計畫近乎官方認可的殘酷行為：

> 一些人口控制計畫迫使婦女只能使用某些官方規定的避孕措施。在埃及、突尼西亞、巴基斯坦、韓國和台灣，衛生工作人員的薪資取決於他們在女性體內置入的子宮內避孕器（一種機械避孕方法）數量，而這種制度很容易引發濫用。在菲律賓甚至用直升機在偏遠村莊上空盤旋，直接從空中拋灑避孕藥。在墨西哥、玻利維亞、祕魯、印尼和孟加拉，數百萬人接受絕育手術——通常是強制性的，有時還是非法的，而且常常在不安全的條件下進行[202]。

我們還會想到中國的一胎化政策，以及已故總理甘地夫人（Indira Gandhi）領導的印度

200 同上，p. 139。
201 同上，p. 198。
202 https://www.smithsonian.mag.com/innovation/book-incited-worldwide-fear-overpopulation-180967499/。

政府強迫人民結紮的努力。正如當時流傳的一則笑話所說：甘地夫人不僅讓男人綁手綁腳，還在男人體內打個結，綁起來。

曼恩以直升機的比喻來描繪十分貼切。除了中國和印度是主動採取強制或脅迫的節育手段之外，我們可以明顯感受到節育方法是由西方國家用直升機空降進來的，他們將自己的原則強加給那些開發中國家——這是我們過去以居高臨下的態度給他們的稱呼——也不管他們是否願意。在同一篇文章中，曼恩指出，當艾理希搭乘計程車前往德里時，該市的人口為兩百八十萬人。

相較之下，巴黎的人口在一九六六年約為八百萬人。但是無論我們如何仔細查閱檔案，都很難找到有人驚恐地用「人滿為患」一詞來形容香榭麗舍大道。相反的，一九六六年的巴黎還是優雅和精緻的象徵。[203]

儘管自《人口爆炸》一書問世以來，全球人口已增長了一倍多（我在撰寫本書時剛好超過八十億），但是所幸艾理希對世界性災難的可怕預言並未成為現實。從廣義上講，與一九六八年相比，世界各地的人生活得更長壽、更健康、也更安全，不需要擔心會喝到摻有避孕藥的水，也沒有實施艾理希那些更極端的地緣政治解決方案。人們也接受更好的教育

——而所有這些福祉都源自於教育，特別是女性的教育。放眼全球，在二十多歲將近三十歲的人口中，至少接受過六年教育的比例，從一九七〇年的略高於一半，到二〇一八年提升至五分之四以上，預計到了二〇三〇年還將進一步提高到接近十分之九——儘管中等和高等教育的進展較為緩慢[204]。

或許我們最好將《人口爆炸》視為時代的產物。一九六八年是火熱的一年，那一年，美國太空總署發射了阿波羅七號和阿波羅八號太空船上了月球，拉開了人類首次搭乘載人工具短暫探索太空的序幕。那也是學生革命的一年，那一年爆發了布拉格之春運動——捷克斯洛伐克（Czechoslovakia）的政治自由覺醒遭到蘇聯的殘酷鎮壓[205]。那一年是反對越戰的抗議年，馬丁・路德・金恩博士和羅伯特・甘迺迪參議員都在那一年遇刺。

---

203 同上。

204 Friedman, J., *et al.*, Measuring and forecasting progress towards the education-related SDG targets, *Nature* **580**, 636-9, 2020。

205 捷克斯洛伐克與蘇聯這兩個政體都已不復存在，或許正足以說明國家的短促即逝。

一九六〇年代人口成長率開始減緩

在所謂搖擺的六〇年代，有一件事通常被人們遺忘。自史前時代以來，人口成長率一直呈上升趨勢，而在一九六〇年代達到峰值。根據聯合國的數據[206]，全球人口成長率在一九六四年達到最高點，為每年百分之二．二四，當時世界人口為三十二億六千七百萬人。難怪艾理希會受到刺激，寫下這本煽動性的論述。此後，人口成長率逐漸下滑至百分之〇．八八，預計在二〇八六年出現負成長，即人口開始減少，屆時世界人口將達到一百零四億三千一百萬人。

人口成長率放緩或許是一九六〇年代發生的最重要事件。有人可能會說（事實上，我也是這麼想的），這是人類歷史上與農業的發明同等重要的事件。自農業出現以來——除了戰爭和瘟疫期間——人類整個物種的成長率在歷史上從未減緩過。這是人類演化歷程中獨一無二的事件，意味著成長率很快就會趨近於零（也就是出生率和死亡率相等），此後人口將開始縮減。這似乎是自然發生的事情，既不需要地緣政治上的調整、強制絕育或空投避孕藥，也不需要流行病、全球戰爭、氣候變遷、人工智慧機器人殺手肆虐、外星人惡意入侵或其他外部因素的幫助——儘管這些因素可能會使人口減少的速度更快[207]，而且可能很快就會發生。

預測是出了名的困難，尤其是關於未來的預測[208]。或者，正如西雅圖華盛頓大學健康指標與評估研究所的克里斯多福．穆雷（Christopher J. L. Murray）及其同僚所說的：

> 無論採用何種模型策略，進行長期預測的一個根本挑戰是，在長遠的未來趨勢中，可能會發生無法預測的變化[209]。

這並不是說他們沒有嘗試做過一些非常精細的預測。在對人口趨勢進行複雜而詳細的分析後，穆雷及其同僚認為，人口的劇烈變化可能更加明顯，全球人口數量將在二〇六四年達到峰值——比聯合國的預測早了二十年——約為九十七億三千萬人，然後開始下降，到二一〇〇年減至八十七億九千萬人。然而，若是能夠實現聯合國永續發展目標（SDGs）中教育和避孕需求的目標，二一〇〇年的人口可能銳減至六十二億九千萬人——遠比現在的人口還要少。我們應該說，這些數字受到相當多不確定性的限制，穆雷及其同僚懷疑永續發展目標是

206 https://www.macrotrends.net/countries/WLD/world/population-growth-rate。

207 我說的人工智慧機器人殺手肆虐、外星人惡意入侵都只是玩笑話，不過，話說回來，誰也說不準。

208 這句格言的出處不明。許多人認為是棒球選手尤吉．貝拉（Yogi Berra）說的，但是我也曾聽過有人說是電影製片人伍迪．艾倫（Woody Allen）和物理學家尼爾斯．波耳（Niels Bohr）。

209 有關穆雷及其同僚，請參閱 Vollset, S. E., *et al.*, Fertility, mortality, migration and population scenarios for 195 countries and territories from 2017 to 2100: a forecasting analysis for the Global Burden of Disease Study, *The Lancet* **396**, 1285-1306, 2020。

否能夠全部實現[210]。不過，他們傳遞的訊息很明確——人口呈現明顯下降趨勢，這在人類史上還是頭一遭。

穆雷及其同僚的研究值得深入了解，因為其中不僅含有大量的細節（而且還是免費開放，任何人都可以閱讀，我鼓勵你也去讀一下），還對人類演化過程中的一個重要時刻——人口成長急劇逆轉的時期——做了重要分析。

人口危機：總生育率低於替代水準

這項研究的一個關鍵概念就是人口統計學家（研究人口趨勢的學者）所說的總生育率，簡稱TFR。一對男女相遇，結婚成家，然後生了兩個孩子，他們所做的只不過是取代自己在人口中的位置：兩個父母，兩個孩子。如果他們生育兩個以上的孩子，人口就會增加；如果少於兩個孩子，人口就會減少。總生育率通常表示一名婦女一生中生育孩子的平均數量。為了維持人口穩定，總生育率的值必須達到二．〇。事實上，這個數字應該要略大於二．〇，更接近二．一，因為還要考量到各種因素，例如嬰兒死亡率，以及男嬰出生率略高於女嬰[211]。大約二．一的總生育率就稱為替代水準。總生育率與教育程度和避孕措施的供應（這一點也不足為奇）密切相關，女性教育程度越高、避孕措施越好，總生育率越低。

在這樣的情況下，穆雷及其同僚的研究成果引人矚目。他們預測，在調查的一百九十五個國家和地區中，有一百五十一個在二〇五〇年的總生育率將低於替代水準；到了本世紀末，還有另外三十二個國家和地區的總生育率低於替代水準。此外，全球總生育率將在二〇三四年降至替代水準以下。

對某些國家來說，這個問題已經很嚴重了。預計到二一〇〇年，有二十三個國家的人口將減少一半以上，毫無意外的，日本也名列其中，因為這個國家向來以人口老化、出生率低、淨遷移人數少著稱。比較令人感到意外的，或許是西班牙和泰國等國竟然也躋身人口減少國家之列。我們可能會想到這些國家開始出現人口老化和出生率下降的跡象，但是說這些國家的人口將在不到一個世紀的時間內腰斬，仍然令人駭然。有個國家也在人口腰斬俱樂部的門口徘徊，預計在二一〇〇年的人口將淨減少百分之四十八，那就是人口數量龐大的中華人民共和國。中國的總生育率為一．五三，人口總數是十四．一二億（二〇一七年），最快將在二〇二四年達到十四．三二億的峰值，到了二一〇〇年預計會降至七．三二億。然而，眾所

210 永續發展目標包括在二〇三〇年普及的中等教育和避孕藥。

211 然而，穆雷及其同僚更喜歡用另一種衡量標準，即 CCF50（五十歲婦女世代生育率）。這是指一名婦女在育齡時期結束之前，在特定年齡世代中平均生育子女的數量。這個衡量標準往往比總生育率更穩定。

周知，預測都很困難，這些預測值也會出現很大的誤差幅度。所以到了二一〇〇年，中國人口可能高達十四．九九億（比現在還多），也可能低到四．五六億。但是我們必須指出，早在二〇二二年就有報導稱，自一九六〇年代毛澤東的大躍進造成災難性飢荒以來，中國的死亡人數（一千零四十一萬）首次超過出生人數（九百五十六萬）[212]。

到了二一〇〇年，極少數生育率仍高於替代率的國家包括查德（預計二一〇〇年的總生育率將為二．一九）、索馬利亞（二．五七）、南蘇丹（二．四六）、辛巴威（二．二二）等非洲國家；兩個中亞國家，吉爾吉斯與塔吉克（均為二．二五）；以及一些太平洋小島國，包括美屬薩摩亞（二．一三）、關島（二．二六）、吉里巴斯（二．三二）、薩摩亞（四．四七）和東加（二．六二）。在大多數地區，二一〇〇年的人口將比現在少，只有撒哈拉以南的非洲、北非和中東地區的人類數量會更多。

另外再提供一些背景資料，美國人口在二〇一七年為三億兩千四百八十四萬，將在二〇六二年達到峰值的三億六千三百七十五萬，然後在二一〇〇年下降到三億三千五百八十萬；二〇一七年的總生育率為一．八一（已經遠低於替代率），到了二一〇〇年會更進一步降至一．五三。至於英國的人口在二〇一七年為六千六百六十四萬，將與美國在同一年（二〇六二年）達到峰值的七千四百八十七萬，然後在二一〇〇年下降到七千一百四十五萬；總生育率在二〇一七年是一．七三，到了二一〇〇年更降至一．六一。

以色列這個國家面積雖小，但是以人口來說，卻是出奇的多產，二〇一七年的總生育率為二・九，預計到二一〇〇年會降至二・三六。這意味這個小國的人口將從二〇一七年的八百九十五萬人，暴增至二一〇〇年的峰值約兩千四百零七萬人，然後再慢慢減少。造成這種情況的原因是大量的移民，加上哈雷迪（即極端正統的猶太人）人口不斷增加，家庭規模也隨之擴大。一九八五年，我第一次造訪以色列時還是個學生，當時穿著獨特服飾的極端正統猶太人仍相當罕見；三十二年後，我在二〇一七年重返以色列，看到他們就已經是司空見慣了。

或許更令人驚訝的是，幾乎所有撒哈拉以南的非洲國家生育率，到了本世紀末，都預計將降至替代水準以下。不過，到目前為止，世界上總生育率仍遠高於替代水準的國家大多還位於這塊次大陸，這是因為這些國家的人口結構比全球平均年齡低，且大部分人口仍處於育齡階段。穆雷及其同僚預測，撒哈拉以南的非洲地區生育率要到二〇六三年才會降至替代水準以下，比世界其他各地平均晚了將近三十年（超過一個世代）。不過，即使在撒哈拉以南的非洲地區，人口最終也會達到峰值，然後開始下降。非洲人口最多的國家是奈及利亞，目前的人口已超過兩億，預計在二十一世紀的最後一年將達到七億九千一百萬的峰值，隨後

212 https://www.nytimes.com/2023/01/16/business/china-birth-rate.html。

也將開始下降。奈及利亞的總生育率在二〇一七年為五．一一，預計到本世紀末將降至一．六九。即便如此，在二一〇〇年，奈及利亞仍將成為世界上人口第二多的國家。

全球人口組成結構將改變

在此同時，世界人口仍在增加。但是因為成長率不均衡，也因為撒哈拉以南的非洲國家總生育率下降需要一段時間才會顯現效果，因此全球人口的組成結構將會改變。未來幾十年間，世界人口將集中在非洲，只有新生兒平均餘命有變能夠稍微中和這樣的不平均。因為儘管非洲新生兒在人類總人口中所占比例較大，但是非洲人的預期平均壽命卻低於其他地區的人。

整體而言，因為醫療保健、教育、生活品質和安全方面的改善，世界各地的預期平均壽命一直在大幅提高，從根本上來說，這要歸功於更大的婦女賦權。但是，巨大的不平等現象依然存在，而且即便到了本世紀末，這種現象仍將跟現在一樣嚴重。根據穆雷及其同僚的分析，到了二一〇〇年，人類的預期平均壽命仍會有很大差異，依居住地不同，從六十九．四歲到八十八．九歲不等。在預期平均壽命低於七十五歲的國家中，十分之七位於撒哈拉以南的非洲。只不過這樣的差距預計也會逐漸縮小。

除了預期平均壽命之外，生育率下降的另一個後果是世界人口老化。二〇一七年，全球人口的平均年齡為三十六・二歲；到了二一〇〇年，平均年齡將達到四十六・二歲，整整老了十歲。如今，六十五歲以上的人口已達十七億人；到了二一〇〇年，這個數字將增加到二十三億七千萬人。八十歲以上老人的數目更是驚人，由一億四千一百萬增加到八億六千六百萬。同一時期，五歲以下兒童數量將從六億八千一百萬減少到四億零一百萬。

比較出生人數與慶祝八十歲生日的人數有助於我們理解情況。一九五〇年，每有一位年滿八十歲的人就對應二十五名新生兒；到了二〇一七年，新生兒數目降至七個；等到二一〇〇年，這兩個數字將達到相同水準——每一個在生日蛋糕插上八十根蠟燭的人，都只對應到一個新生兒。

國內生產毛額受人口起落影響

全球人口的起起落落（主要是落），已經讓人看得淚流滿襟，而這還是在我們開始意識到經濟後果之前呢。人口老化加上出生率下降意味著，在任何一個國家，勞動人口占總人口的比例都會減少[213]，也就是比較少人工作來創造財富和繳納稅款支持公共服務，如幼兒照護和老年人年金等。預計到了二一〇〇年，擁有最多潛在勞動力的國家依序為印度、奈及利亞、中國和美國；然而，印度和中國的勞動人口數量將急劇下降。勞動年齡人口和國內生產毛額（GDP）之間存在著密切的關係。穆雷及其同僚據此預測，到了二〇五〇年，中國將取代美國成為世界最大經濟體，但是到了二一〇〇年，隨著中國勞動年齡人口的下降，兩國的地位將再次互換。印度挾其龐大（儘管正在減少）的勞動力，在二〇一七年成為世界第七大經濟體，到了二一〇〇年將爬升至第三位，僅次於美國和中國，超過日本。同樣的，奈及利亞人口不斷增長，將使該國在國內生產毛額排行榜上的排名，從二〇一七年的第二十八名爬升到二〇三〇年的第二十一名，到了二〇五〇年和二一〇〇年，更將分別名列第十七和第九名。

維持高國內生產毛額的一個主要因素是來自外地的移民。例如，移民將使澳洲的國內生產毛額排名從現在的第十二名穩步上升到二一〇〇年的第八名，比奈及利亞稍微高一點。以色列人口激增——無論是透過總生育率高或是強勁的移民——都將使以色列的排名從二〇五〇年的第三十五名，到了二一〇〇年進入前二十名，上升至第十六。移民是維持國內生產毛額一種快速且相對簡單的方法，因此出生率下降的各國政府可能會尋求透過放寬移民政策，來提高國內生產毛額。

然而，日本卻反其道而行。儘管人口大幅減少（從二〇一七年的一億兩千八百三十六萬降至二一〇〇年的五千九百七十二萬人，腰斬一半以上），卻仍然不願意接受移民，只不過日本的國內生產毛額排名只會從二〇一七年的第三名下滑至二一〇〇年的第四名。而日本之所以能夠維持其經濟地位不墜，有一部分是因為高齡人口持續加入勞動力。對於那些幸運的人來說，伴隨預期壽命延長而來的，是更好的健康、福祉和更長久的工作能力。至於其他國家，例如英國，以及更具爭議的法國，也試圖延後申請國家年金的年齡。

有些國家則藉由政策，提高生兒育女的誘因來扭轉總生育率的下降趨勢，例如提供慷慨的育嬰假和幼兒照護服務，只不過成效通常不大。例如，在政府積極推行此類政策的瑞典，總生育率從一九九〇年代末的一・五上升到二〇一九年的一・九，雖然有所增加，但是仍低於替代水準。其他國家則採取了限制墮胎等不受歡迎的措施。然而，這種鼓勵生育的政策並不容易奏效，因為即使這些政策能夠持續下去，也需要至少一個世代的時間才能形成社會常態，深入民眾心裡。例如，中國實施了二十年的「一胎化」政策取消後，許多年輕夫婦——本身也都是獨生子女——已經可以生育兩個孩子，但是他們往往選擇不生第二胎。此外，總生育率的下降往往會成為未來的社會常態。一旦總生育率開始下降，就很難扭轉這個趨勢[214]。

213 穆雷及其同僚對勞動年齡的定義為二十歲至六十四歲。

214 Basten, S., *et al.*, Very long range global population scenarios to 2300 and the implications of sustained low fertility, *Demographic Research* **28**, 1145-66, 2013

無論如何，一個新生兒需要十五到二十年的時間才能成為國家的勞動力，開始納稅。移民速度更快。那些遲遲沒有認識到移民好處的國家，可能會發現他們已經錯失了機會。未來，在一個人一輩子的時間內，幾乎所有國家都將經歷總生育率下降和人口減少，過去輸出過剩人口的各國政府可能會希望人民留在國內。正如穆雷及其同僚所說，人口減少的一個後果就是推動經濟發展的創新人才數量減少。養育一個孩子需要一個村莊，但是要培養出一個達爾文或巴斯德、蓋茲或賈伯斯、貝佐斯或馬斯克、牛頓或愛因斯坦，則需要數億甚至數十億人的文明。

女性賦權影響生育率

穆雷及其同僚沒有解決（或者只是間接解決）的問題——也是跟我目前寫這本書最相關的問題——是為什麼是**現在**？鑒於過去一萬年來人口一直呈指數級倍增，而且當時也看不到有任何變化的前景，或許我們可以原諒保羅．艾理希的悲觀看法，但是現在時空環境已經改變。我們當然可以問：縱觀整個人類歷史和史前時期，為什麼人口會在這個時候處於急劇下降的邊緣？

穆雷及其同僚在他們的詳細分析中指出，總生育率下降的主要驅動力是女性在生育和教育的賦權。女孩接受中學教育的比例提高，以及給年輕女性的避孕措施增加，是他們預測的基石。婦女的徹底解放還有很長一段路要走，在某些地方，有時甚至會出現令人駭然的倒退，但是值得考慮的事實是，從整個人類歷史的背景來看，任何形式的女性解放都是最近這一百年左右才被視為自然的常態，而且還不是在所有地方都如此——在人類歷史上，這只不過是一眨眼的功夫。我們應該警惕的反而是如此晚近的發展也可能輕易被抹煞——看看阿富汗等國家對婦女權利的壓制，以及美國推翻憲法賦予的墮胎權就是明證。對某些人來說看似如此正確、美好的常態，在其他人的眼裡卻是如此令人嫌惡。另一方面，回顧歷史，增強女性賦權似乎是在每個國家同時發生的，無論貧富、種族、宗教或社會背景，也無論政府體制為何。儘管政府當局的政策反反覆覆，總生育率還是降低了，而且從頭開始，持續了半個世紀。究竟背後的推動力是什麼呢？

經濟不確定性阻撓生育意願

這裡要考慮的第一個因素是個人選擇。許多夫婦都想要孩子，但是如果有選擇餘地的話，許多人會延遲生育，直到他們覺得自己有能力養活孩子。這個選擇主要由經濟因素決定，鑒於全球總生育率的下降，我們必須關注全球經濟前景。二〇二〇年代初期的新冠肺炎疫情和二〇〇八年的金融危機都抑制了全球貿易，然而有跡象顯示，這些危機都是由潛在的經濟低迷所引發的。自千禧年後，全球經濟一直不穩定，其中可能有多種因素的作用。英格蘭及威爾斯特許會計師公會（Institute of Chartered Accountants of England and Wales）的報告[215]指出，近幾十年來，全球貿易暢旺都是因為成品零組件的大量流動，其中一些零組件在成品準備出售之前可能會多次跨越國界。每個階段都受限於「即時生產」的政策，也就是說，商品是在有需求時才精確生產，而不是提前生產並庫存起來。這意味著全球貿易對新冠疫情的大流行和金融危機等衝擊極為敏感。最近的一個例子則是烏克蘭戰爭，雖然本質上是一場局部衝突，卻為全球能源市場帶來了衝擊，並引發對全球糧食安全的憂慮。再加上保護主義不斷升級——這本身也是由經濟上的憂慮所驅動——這些因素使得全球經濟變得脆弱。國際貨幣基金組織在二〇二二年發布的經濟前景預期堪憂[216]，或者至少可以說是情況嚴峻，預測全球三分之一的國家將出現經濟衰退，全球經濟成長率有兩成五的機率會跌破百分之二的歷史低點，甚或會低至百分之一．一。世界銀行警告全球經濟將面臨衰退和不安全感，成長趨緩（以及經濟衰退的前景）將影響百分之九十五的已開發經濟體和將近百分之七十的新興市場，其後果將導致一些地區的貧窮加劇[217]。撒哈拉以南的非洲地區——當前世界人口成長的主要來源

——特別容易受到傷害。貧窮加劇的後果，特別是在撒哈拉以南的非洲地區，是很難評估的。女性會不會因此選擇限縮家庭規模？又或者經濟緊縮會讓女性解放開倒車，反而擴大家庭規模？

可供分配的資源減少

我認為當前的經濟不確定性反映了更深層、更長期的趨勢，那就是可以獲取的資源減少。智人如今主宰著地球的自然經濟，並從中攫取如此多的資源，以至於所有容易取得的資源全被劫掠一空，而新的資源卻變得稀少，其最終結果就是全球生育率下降。值得注意的是，在二十世紀初，即使是中等收入的家庭（至少在英國）也可能擁有僕人。一九六〇年代，世界人口成長達到峰值，當年成長的「嬰兒潮」世代擁有更多的資源，卻可能負擔不起僱用僕人。

215 https://www.icaew.com/technical/economy/business-confidence-monitor/global-trade-in-decline-long-before-the-pandemic。

216 https://www.imf.org/en/Blogs/Articles/2022/10/11/policymakers-need-steady-hand-as-storm-clouds-gather-over-global-economy。

217 https://www.worldbank.org/en/news/video/2023/01/10/global-economic-prospects-slowdown-growth-risks-economy-expert-answers#:~:text=Global%20growth%20is%20slowing%20sharply,the%20global%20economy%20into%20recession。

再後來一代的人發現他們買不起自己的房子，無論他們的房子有沒有女傭或園丁。世界經濟論壇報告稱，千禧世代（出生於一九八〇年至一九九四年間的人）將成為幾十年來第一個預期收入低於其父母的世代[218]。在我撰寫本書時，世界上一些大城市的住房價格已經昂貴到讓年輕人租不起房子——即使他收入不菲——更別說是購買自己的房產了[219]。隨著人口達到峰值，可供分配的資源會愈來愈少。這反過來又讓人質疑：用國內生產毛額的成長來報告經濟健康狀況（將經濟健康等同於消費）是不是一個可取的、甚或是適當的衡量標準[220]？

人類精蟲數銳減

所謂一個巴掌拍不響，生育率降低不只是因為女性的生育選擇。另一個較鮮為人知的因素是過去幾十年來男性生殖健康狀況急劇下降，因為不明原因，導致近年來人類的精蟲數量顯著減少。臨床醫生在半個多世紀前就開始注意到這個現象，但是原因仍然成謎。

三十年前，哥本哈根大學醫院的伊莉莎白・卡爾森（Elizabeth Carlsen）及其同僚[221]調查了回溯五十年的數據，結果顯示，在一九四〇年至一九九〇年間的平均精蟲數量不只是降低或略有減少，而是**銳減了一半**。二〇二二年，耶路撒冷希伯來大學的哈蓋・列文（Hagai

Levine）及其同僚發表了一項更為廣泛的研究，其結果顯示在一九七三年至二〇一八年間，全球健康男性的精蟲濃度和總數量明顯下降[222]。研究人員呼籲採取行動「認知男性生殖健康對**人類（和其他）物種生存**的重要性」（粗體字是我標示的表示強調）。無論原因是什麼，臨床醫生都承認精蟲數量和品質下降是一種生存威脅。

這項研究很重要，因為它填補了研究人員早期研究的空白[223]。早期的研究集中在北美和歐洲，頂多再加上澳洲和紐西蘭，而列文的研究則納入南美洲、中美洲、亞洲和非洲的數據，也回應了過往的批評，即認為精蟲數量減少可能是「西方」國家或我們過去所說的「已開發」或「工業化」國家的特徵，而非人類這個物種的普遍特徵。

---

218 https://www.weforum.org/agenda/2016/07/millennials-will-be-the-first-generation-to-earn-less-than-their-parents/。

219 最近的一個案例是一則招募合租房客的廣告，他們不僅願意合租位於加拿大多倫多的一間公寓或一個房間，還願意合租一張床，月租九百加幣。這則廣告迅速走紅，凸顯大城市租屋嚴重短缺的問題。https://economictimes.indiatimes.com/news/international/us/toronto-rent-ca900-for-half-bed-watch-viral-video-know-everything-about-it/articleshow/105449273.cms#。

220 Masood, E. *GDP: The World's Most Powerful Formula and Why it Must Now Change*（London: Icon books, 2021）。

221 Carlsen, E, *et al.*, Evidence for decreasing quality of semen during past 50 years, *British Medical Journal* **305**, 609-13, 1992。

222 Levine, H. *et al.*, Temporal trends in sperm count: a systemic review and meta-regression analysis of samples collected globally in the 20th and 21st centuries, *Human Reproduction Update* **29**, 157–76, 2022。

223 Levine, H. *et al.*, Temporal trends in sperm count: a systemic review and meta-regression analysis, *Human Reproduction Update* **23**, 646-59, 2017。

就連在目前世界人口最多的中國，男性精蟲數量也在減少——這是研究人員在一九八一年至二〇一九年間針對三十多萬名健康成年男性進行的調查得到的結論[224]，研究人員還因此發布了「嚴重的生殖健康警告」。

是什麼原因造成這種全球性的精蟲急劇減少？有些人認為這與人類男性荷爾蒙睪固酮降低，以及生殖器異常和睪丸癌發病率增加有關。哥本哈根大學醫院的尼爾斯．史卡克貝克（Niels Skakkebæk）——他是一九九二年卡爾森研究的一位共同作者——及其同僚推測[225]，增加接觸化石燃料產生的汙染物也可能是原因之一。另一個可能影響結果的因素則是現代人成家的年紀比較大，如果年齡較大的男性精蟲數量比年輕男性少，就可能會造成結果偏差。然而，有些研究將年齡納入考量，結果發現：無論年齡大小，男性的精蟲數量都在減少。同時，輔助生殖（體外人工受精，即IVF）的轉診數量也持續增加。自一九七八年著名的「首例試管嬰兒」露薏絲．布朗（Louise Brown）誕生以來，已有超過八百萬名嬰兒以這種方式受孕。而這只是滄海一粟：即使在今天，也只有百萬分之一的嬰兒是透過非傳統的方式受孕。

倘若全球所有年齡層的健康男性精蟲數量都減少了，那麼肯定是某種難以明確、難以發現但又普遍存在的因素。持續、低度的接觸化石燃料衍生物可能屬於這一類。一些研究已經指出汙染物對野生生物有雌性化影響，我實在難以想像這些物質不會對人類產生影響，例如抑制睪固酮的產生，降低自然受孕機率。

氣候變遷可能也是一個因素。眾所周知，製造精蟲需要比體腔內更低的溫度。這就是為什麼睪丸在青春期會下垂，鬆弛地懸吊在體外的囊袋中。生活型態可能是另一個原因。西安交通大學的呂茉琦及其同僚在中國的研究中發現，中國南方地區的精蟲品質下降程度不如北方地區明顯，因為北方青少年的身體質量指數往往較高，也就是說，他們比較肥胖。

如前文所述，非洲被視為未來一個世紀可能經歷人口最大成長的大陸，因為非洲的人口最年輕。不過，有關非洲精蟲品質的研究數據很少。然而，這種情況確實存在，並有證據顯示精蟲品質和濃度嚴重降低。有一項研究[226]指出，身體質量指數過高可能是導致精蟲數量降低的一個原因。另一項研究主要分析了奈及利亞（非洲人口最多的國家）的數據，結果指出過去五十年間精蟲濃度下降了百分之七十二．六（將近四分之三）[227]，並列舉了一系列可能的原因，例如肥胖、疾病、抽菸和飲酒以及接觸其他國家禁用的殺蟲劑。令人擔憂的是，非洲的

224 Lv, M.-Q. *et al.*, Temporal trends in semen concentration and count among 327,323 Chinese healthy men from 1981 to 2019, *Human Reproduction* **36**, 1751-75, 2021。

225 Skakkebaek, N. E. *et al.*, Environmental factors in declining human fertility, *Nature Reviews Endocrinology* **18**, 139-57, 2022。

226 Ajayi, A. B. *et al.*, Low sperm counts: Biophysical Profiles of Oligospermic Males in Sub-Saharan Africa, *Open Journal of Urology* **8**, 228-47, 2018。

227 Sengupta, P., *et al.*, Evidence for decreasing sperm count in African population from 1965 to 2015, *African Health Sciences* **17**, 418-27, 2017。

平均精蟲濃度（每毫升略高於兩千萬隻精蟲）只在世界衛生組織認為的最低「臨界值」（每毫升一千五百萬隻）附近徘徊，低於此值就會導致嚴重的不孕症。如果這些結果得到證實，那麼非洲預期的爆炸式人口成長可能會受到明顯的抑制。

另一個可能的原因是與其他人類近距離生活所造成的壓力。在智人存在的大部分時間裡，他們生活在小而分散的群體中。直到最近，我們這個物種才開始聚集在村莊、鄉鎮，以及現在的大城市。目前世界人口中約有百分之五十五住在城鎮化的地區，預計到二〇五〇年此一比例將上升到百分之六十八，即超過三分之二[228]。這種趨勢只會持續下去，因為乾旱、洪水、農作物歉收和氣候變遷的其他因素，會迫使農村人口往城鎮遷移，過著彼此接近又侷促的生活。人疊著人的生活（以公寓大樓來說確實是如此），並且在如此靠近其他人的地方進行日常活動（例如讓保羅．艾理希感到震驚的德里街頭場景），成為一種相對較新近的現象。人與人之間如此緊密地共存並不是我們的自然狀態，這可能會導致壓力普遍增加，而且至少有一項研究顯示[229]，這可能會導致精蟲數量下降。

人口過剩導致環境惡化，進而引起資源匱乏，所有這些都可能削弱全球經濟，降低生活水平，減少女性對家庭的渴望，並導致希望成為父親的男性精蟲數量下降。而在所有這些事情的背後，隱藏著顯而易見又被忽略的事實——氣候變遷。我將在下一章討論這個問題。

228 https://www.un.org/development/desa/en/news/population/2018-revision-of-world-urbanization-prospects.html#:~:text=Today%2C%2055%25%20of%20the%20world%27s,increase%20to%2068%25%20by%202050。

229 Ilacqua, A., *et al.*, Lifestyle and fertility: the influence of stress and quality of life on male fertility, *Reproductive Biology and Endocrinology* **16**, 115, 2018。

08 越過邊界
Over the Edge

有些天資聰穎的作家曾猜測歐洲以前的氣候比現在要冷得多；對德國氣候最古老的描述極力證明了他們的理論。

——愛德華．吉朋，《羅馬帝國衰亡史》

氣候變遷從家門口開始。

我住在英國諾福克郡一個風景如畫的海濱小鎮克羅默。克羅默並不是原來就在海岸邊。在一〇八六年的《末日審判書》[230]中，並沒有提到這裡是有人定居的地方；當時，這裡是個名為雪普頓（Shipden）的漁村，全名是Shipden-*juxta*-Crowmere，意思就是烏鴉湖（Mere or Lake of Crows）畔的雪普頓，從這個名稱可以推測當時的內陸地形特徵，並衍生出現代的城鎮名稱克羅默。直到今天，還是可以在小鎮的鎮徽找到這樣的特徵：描繪一片水域兩側各有三隻烏鴉。但是後來雪普頓發生了什麼事呢？答案可以用一個詞來概括——侵蝕。雪普頓早已沉入大海。嚴格說起來並不是完全消失，因為漁村的水下遺跡仍對航運構成威脅。一八八八年，一艘來自鄰近大雅茅斯港（Great Yarmouth）的遊船在退潮時擱淺在雪普頓已經沒入水中的教堂的尖頂上，最後不得不用炸藥拆除教堂尖頂。雪普頓並不是這個區域內唯一一個沉於大海的村莊[231]。隨著氣候暖化、海平面上升以及風暴等極端天氣事件變得更加頻繁和嚴峻，這種侵蝕也在加劇。

我們先前已經談過哈茲波洛村，那是位於諾福克海岸、克羅默以東幾公里的一個村落。智人的早期親戚——可能是先驅人——曾在此留下足跡，還有一套做工精美的石器工具。不過，在那個年代，這些早期的訪客很可能將垃圾留在內陸，放在泰晤士河一條古老支流的沙洲上，而不是丟棄在海灘。自此之後，大海的侵襲勢不可擋。哈茲波洛村和大海之間曾經有一個名為惠普威爾（Whimpwell）的村莊，但是惠普威爾也難逃跟雪普頓一樣的命運，如今已完全消失在不斷侵蝕的北海之下。在一六〇〇年至一八五〇年間，海面向內陸推進了約兩百五十公尺，平均每年一公尺。直至今日，海水仍然持續侵蝕著哈茲波洛村，沖走了農田、

230 譯註：《末日審判書》（*Domesday Book*）是英國國王威廉一世（即征服者威廉）下令做的全國普查紀錄，性質類似後來的人口普查，主要目的是清查英格蘭各地人口和財產情況，以便徵稅。

231 https://en.wikipedia.org/wiki/List_of_lost_settlements_in_Norfolk#:~:text=There%20are%20believed%20to%20be,lost%20settlements%20in%20Norfolk%2C%20England。

房舍，也毀了居民的生計與家庭[232]。過去二十年間，在哈茲波洛村有三十四棟房屋消失[233]，迫使屋主不得不更往內陸地區搬遷——他們成了氣候變遷的難民。所以，氣候變遷距離我家門口就只有幾公里而已。

哈茲波洛村絕非單獨的個案。二〇〇八年，在沿著海岸往東走到更遠一點的地方，當地居民接到一份報告——其實只不過是一份緊急應變計畫——讓他們大吃一驚，因為報告要求他們有計劃的撤退，讓海水淹沒六個村莊、數百間房屋和六十五平方公里的土地。這項應變計畫似乎已被擱置，但是問題並未消失[234]。

誰都可能成為氣候變遷難民

諾福克海岸遭到侵蝕只是全球變化的一個表現而已。這個現象從上一次冰河時期結束以來就一直存在，究其原因，是因為低矮的崖岸由軟沙和黏土組成，而非堅硬的岩石，而且整個英國陸塊都在傾斜。在冰河時期，蘇格蘭被巨大的冰層覆蓋，當冰層融化後，地面鬆弛，導致英國西北部曾經有冰川的地方緩慢隆起，這種現象稱為「地殼均衡回彈」（isostatic rebound）[235]，其結果就是整個不列顛島都傾斜，西北角上升，東南角則慢慢下沉。

這一類事件是可以預見和事先計畫的。令人擔憂的是，侵蝕正在加速，極端天氣事件也發生得更加頻繁。

在現存記憶中諾福克地區發生的最極端天氣，或許就是一九五三年一月三十一日晚上的那場風災了，當時的強風和漲潮造成這個地區在承平時期最嚴重的災情[236]。一股猛烈的北風席捲北海南部，助長了原本就是漲潮的海水漲勢——諾福克的潮水比預期高出二・四公尺，而在隔著一彎狹窄海水的荷蘭，潮水則比預期高出四・三公尺。在克羅默以西幾公里的鄰近小鎮謝林罕（Sheringham），暴風巨浪蓋過了海濱飯店，雨水順著煙囪湧入房舍，讓居民驚恐不已。三十多公尺長的海濱遭摧殘殆盡。在克羅默與哈茲波洛之間的蒙德斯利村（Mundesley），據當地居民們稱，二十四公尺高的巨浪將整棟建築物沖入海中。在東部，一列從海濱度假勝地亨斯坦頓（Hunstanton）開往附近港口城鎮金斯林（King's Lynn）的夜間列車，因洶湧的海水淹沒整條鐵道而停駛；片刻之後，這列火車也遭到一棟平房衝撞，這棟

---

232 https://www.bgs.ac.uk/case-studies/coastal-erosion-at-happisburgh-norfolk-landslide-case-study/。

233 https://www.bbc.co.uk/news/uk-england-norfolk-63822899#。

234 http://happisburgh.org.uk/ccag-press/plan-to-allow-sea-to-flood-norfolk-villages/。

235 Shennan, I., *et al.*, Late Holocene relative land- and sea-level changes: Providing information for stakeholders, *GSA Today* **19**, 52-3, 2009。

236 https://www.edp24.co.uk/lifestyle/21095516.floods-1953-graphic--unfolded/#。

房子被暴風雨從地基上連根拔起，隨著雨水淪為波臣。金斯林的情況也好不到哪裡去：當晚有九人溺水身亡，三千多棟房屋遭淹沒。諾福克郡的死亡人數達一百人，整個英格蘭東部死了三百多人。至於在荷蘭，更有超過一千八百人喪命。

值得慶幸的是，此後再也沒有發生過類似的災難；即使發生了，現代氣象預報也可以及時提供預警，讓人有機會撤離到安全地區。我們沒有理由將一九五三年的天災直接歸咎於人類活動所導致的現代氣候變遷，但是隨著氣候變遷讓天氣變得更加難以預測，一九五三年的災情可能會陰魂不散，讓英格蘭這個安靜的鄉村角落再次感到寢食難安。

英國氣候變遷委員會在二〇一八年提出的一份報告指出，超過五十萬處房產——其中包括三十七萬棟住宅——座落在沿海淹水地區，面臨遭到海水破壞的風險。目前，這一類的災損金額每年已超過兩億六千萬英鎊（約一百零五億台幣），而且情況還會持續惡化；到二〇八〇年代，約有一百二十萬戶家庭將面臨淹水風險，其中十萬戶是因海岸侵蝕而受損的風險。這不僅危及住宅，到二一〇〇年，沿海洪水或侵蝕可能沖毀一千六百公里的道路、六百五十公里的鐵路、九十二座火車站和五十五處垃圾掩埋場，導致基礎設施嚴重破壞並汙染環境。報告還說，一般民眾未能充分了解這些風險。其中一大問題是，海岸線由多個職責不同的組織負責管理，權責分散，沒有人能夠掌握全局。很多人也不知道：為了保護英國脆弱的海岸免受氣候變遷造成的侵蝕與洪水侵襲，成本將高達三百億英鎊（約一兆兩千一百億台幣）[237]。

如果有人認為氣候變遷只會發生在其他人身上，例如那些居住在孟加拉低窪恆河三角洲或太平洋偏遠珊瑚環礁上的人，與英格蘭寧靜卻日益不安分的海岸沒有什麼關係，那麼這個故事應該會讓他們三思。正如一九五三年的事件所示，事實完全不是如此。氣候變遷無所不在，而且正在發生。由於氣候變遷，世界各地的人會面臨被迫遷徙的命運，或許你也很快就會成為其中的一員[238]。

海平面上升危及人類住居

隨著海平面上升和極端氣候事件頻發，不僅是美麗寧靜的海濱小鎮會受到淹水的影響。到了二一〇〇年，全球有多達兩億人（占全球人口的百分之三）居住在低於平均高潮水位的沿海城市。即使全球氣溫上升幅度限制在比工業化之前高出攝氏兩度以內的水準，從長遠來看，這仍意味著海平面將上升四．七公尺，並威脅到目前全球百分之十人口（約八億人）所

237 https://www.theccc.org.uk/2018/10/26/current-approach-to-protecting-englands-coastal-communities-from-flooding-and-erosion-not-fit-for-purpose-as-the-climate-changes/。

238 Vince, G., *Nomad Century: How to Survive the Climate Upheaval* (London: Allen Lane, 2022)。

居住的土地。如果氣溫比工業化前上升攝氏四度，那麼將有十億人的住處可能會被海水淹沒[239]。

到了本世紀末，像紐約等城市可能會沒入水中兩公尺。而令人痛心的是，聯合國大樓本身也可能被水淹沒；雖然上層仍可使用，但是聯合國將變成被護城河包圍的孤島，除了乘船之外（地鐵也將沒入水中），與城市的其他部分隔絕，甚至連飛機都難以到達，因為拉瓜迪亞機場和約翰．甘迺迪機場都將被淹沒。其實，紐約已經領教過未來的滋味。二〇一二年十月二十九日，珊蒂颶風（Hurricane Sandy）襲擊該市，高達二．七公尺的巨浪再加上漲潮，淹沒了好幾條地鐵，造成了五十億美元的損失[240]。自一九七〇年以來，紐約已遭受過三十多次熱帶風暴和氣旋襲擊[241]，而且發生的頻率和強度有增無減。

紐約是全美人口最稠密的城市，由於該市建在洪水氾濫區的一連串半島和島嶼上，因此極易遭受此類災害的侵襲。紐奧爾良又更脆弱了，二〇〇五年八月底，卡崔娜颶風（Hurricane Katrina）重創紐奧爾良。其實，紐奧爾良大部分地區已經低於海平面，全靠一系列堤壩的保護，但是其中許多堤壩被暴風沖垮。颶風淹沒了全市百分之八十的地區。受到風暴影響，阿拉巴馬州、密西西比州和路易斯安那州有一百五十萬人被迫離開家園；其中約百分之四十的人（主要來自路易斯安那州）永遠都回不去了，不得不落腳在其他地方重新開始，有些人甚至搬到離家一千三百多公里遠的地方。紐奧爾良此次大規模人口外流，是自一九三〇年代「沙塵碗」事件[242]以來，在美國最大的一次人口被迫遷居，讓美國境內因極端氣候事件而流離失所的人數又添上一筆[243]。

全球情勢也十分險峻。梅波克羅夫特風險評估顧問公司（Maplecroft）估計，全球有四百一十四個城市（總人口達十四億）面臨汙染、缺水和氣候變遷相關災害的極高風險[244]，其中包括洛杉磯、墨西哥市和祕魯的利馬；歐洲城市則有那不勒斯、雅典和羅馬；前一百名中有九十九個位在亞洲，包括武漢、東京、馬尼拉、拉合爾、喀拉蚩和德里。

在這份迫在眉睫的災難表中，印尼這個人口眾多的島國首都雅加達堪稱名列前茅，除了交通擁塞、汙染、過度抽取地下水和困擾世界上所有城市的其他問題之外，雅加達還面臨下

---

239 https://www.climatechangepost.com/news/2022/1/8/multi-century-sea-level-rise-may-lead-to-unprecede/#:~:text=Currently%2C%202.5%25–3.0%25,to%20coastal%20flooding%20by%202100。

240 https://qz.com/1700769/sea-level-rise-is-set-to-flood-un-headquarters-as-soon-as-2100#:~:text=By%202100%2C%20seas%20could%20rise,City%20Panel%20on%20Climate%20Change; https://earth.org/sea-level-rise-nyc/。

241 https://thestarryeye.typepad.com/weather/2012/10/hurricanes-tropical-storms-that-have-impacted-new-york-city-1979-2011.html。

242 譯註：「沙塵碗」（Dust Bowl）是指北美在一九三〇年代發生的沙塵暴，由於土地過度開墾，又沒有做好水土保持，導致缺乏植被的土壤在乾旱期變成沙塵隨風飄散，所到之處皆遮天蔽日，又稱為「黑色風暴」（Black Blizzards），對美國和加拿大的生態和農業造成相當大的影響。「沙塵碗」一詞是由當時美聯社在報導時所創造出來的。

243 https://www.americanprogress.org/article/when-you-cant-go-home/。

244 https://www.maplecroft.com/insights/analysis/asian-cities-in-eye-of-environmental-storm-global-ranking/。

沉的問題，主要是因為氣候變遷引起的海平面上升和地震活動。位於爪哇海岸的雅加達北部地區已經被海水淹沒，到了二〇五〇年，雅加達有三分之一的地區可能會沒入水中，因此有人提議將政府所在地遷往婆羅洲島地勢較高的地方[245]。

相形之下，儘管非洲城市受到自然災害的影響較小，可是奈及利亞的拉哥斯（Lagos）、剛果的金夏沙（Kinshasa）和肯亞的奈洛比（Nairobi）等城市由於基礎設施相對較差，特別容易受到氣候變遷的影響。在這裡，高溫將成為殺手。在不久的將來，其中一些熱帶特大城市將變得不再適合人類居住。

全球氣溫持續攀高

有時候，溫暖一點也不錯。

二〇〇三年夏天，我和家人在威爾斯海邊度過了一個有如田園詩般的美好假期，整整兩個星期都溫暖乾燥、陽光明媚。對於任何了解威爾斯的人來說，如此持續不斷的溫暖乾燥都是極不尋常的。威爾斯位於不列顛島的西部邊緣，即使在夏天，氣候也是濕潤而溫和。而我們當時有所不知的是，二〇〇三年的歐洲經歷了五百年來最嚴重的一次熱浪。據英國氣象局的報告稱，這次的熱浪導致歐洲兩萬人死亡，其中僅僅在法國就有一萬五千人，讓太平間出現一位難求的現象[246]。氣象局還說，在二〇五〇年之前，每隔一年就可能出現跟二〇〇三年一樣炎熱的夏季。

夏天變得愈來愈熱。上了一定年紀的英國人（像我這樣）會回想起一九七六年那個異常炎熱的夏天，記憶中一片翠綠，是非比尋常的夏天。但是一九七六年那樣的夏天卻愈見頻繁，一九九五年、一九九七年、二〇〇三年、二〇〇六年和二〇二二年的夏天都十分炎熱。熱浪在城市裡更加明顯，因為相較於田野和森林，建築物和道路會反射和輻射出更多的太陽熱量，也就是所謂的「熱島效應」。這可是會要人命的，芝加哥居民可能還記得一九九五年七月的一場熱浪在五天內奪走了約七百人的性命[247]。

而全球氣溫仍在持續上升。二〇二三年五月七日，距離我們一家去海邊度假已經過了將近二十年，東南亞國家越南記錄了有史以來的最高氣溫，略高於攝氏四十四度。同時，泰

---

245 https://www.pbs.org/newshour/world/why-indonesia-is-moving-its-capital-from-jakarta-to-borneo#:~:text=JAKARTA%2C%20Indonesia%20(AP)%20%E2%80%94,sinking%20into%20the%20Java%20Sea。

246 https://www.metoffice.gov.uk/weather/learn-about/weather/case-studies/heatwave#:~:text=More%20than%2020%2C000%20people%20died,countries%20experienced%20their%20highest%20temperatures。

247 https://www.isws.illinois.edu/statecli/general/1995chicago.htm#:~:text=The%20heat%20wave%20in%20July,hundreds%20of%20fatalities%20each%20year。

國的溫度最高達到攝氏四十四・六度，而緬甸東部一個城鎮的氣溫則有攝氏四十三・八度，為十年來的最高溫[248]。東南亞地區在季風來臨之前天氣都非常炎熱，這是正常的，只不過以前從未經歷過如此強度的炎熱。印度和孟加拉在二〇二三年四月和五月也都報告了異常高溫。在二〇二四年五、六月舉行的印度大選中，數億人排隊等候投票，當時氣溫攀升至攝氏四十九・九度，創下該國有史以來的最高氣溫紀錄，也導致數十人死亡（其中還包括負責選務工作的官員）[249]。

歐洲也未能倖免。二〇二三年四月，西班牙報告稱該國南部科爾多瓦（Cordoba）出現有史以來的最高溫，攝氏三十八・八度[250]。春去夏來，地中海盆地的熱浪凶猛，酷暑難耐，再加上持續乾旱，引發了大面積的野火，不僅燒毀了房屋，也重創該地區許多地方賴以生存的旅遊業。二〇二三年是一八五〇年有紀錄以來最熱的一年[251]。氣溫持續上升，也不斷打破紀錄，因此當你讀到這本書時，這些極端氣溫很可能又再創新高。

氣溫過高可能會要人命，尤其是對老年人和幼兒來說，因為他們調節體溫的能力比大多數人都差。

如果再加上濕度，那更是雪上加霜。人類在炎熱乾燥的非洲大草原上演化出一種自然的降溫方式——出汗。皮膚汗液中的水分蒸發需要能量將其轉化為蒸氣，這種能量來自於皮膚，因此蒸發的作用可以讓身體降溫。然而，這只有在皮膚上方的空氣乾燥、水氣尚未飽和時才能奏效。在濕度百分之百的情況下，水氣因為無處可去，所以無法蒸發，也不能產生冷卻效果。熱度和濕度的綜合效應可以透過所謂的濕球溫度（wet-bulb temperature）來衡量，也就是當濕度已經達到百分之百、無法再透過蒸發冷卻時的溫度。人類若是能夠正常排汗——在補充了足夠水分的情況下——可以忍受攝氏四十度以上的乾熱溫度一段時間；然而，若是濕度達到百分之百，那麼即使一個身體健康的人，只要曝露在攝氏三十五度以上高溫超過六個小時就可能致命[252]。在目前氣候條件下，地球上任何地方的濕球溫度都很少超過攝氏三十一度，但是這種情況可能會改變。

---

248 https://www.bbc.co.uk/news/world-asia-65518528。
249 https://edition.cnn.com/2024/06/02/india/india-heatwave-poll-worker-deaths-intl-hnk/index.html。
250 https://www.bbc.co.uk/news/science-environment-65403381。
251 https://climate.copernicus.eu/copernicus-2023-hottest-year-record#:~:text=2023%20is%20confirmed%20as%20the,highest%20annual%20value%20in%202016。
252 Sherwood, S. C., *et al.*, An adaptability limit to climate change due to heat stress, *Proceedings of the National Academy of Sciences of the United States of America* **107**, 9552-5, 2010。

致命的濕球溫度上升

波斯灣或阿拉伯灣（通常簡稱為海灣）是印度洋的一個淺海灣，幾乎被陸地包圍，將阿拉伯半島與西南亞分開。海灣周邊國家是世界上主要的石油產地。卡達的杜哈和阿拉伯聯合大公國的杜拜等海灣城市，也是繁華的國際商業和旅遊中心。這裡本來就是全球出了名的炎熱地區，但是由於靠近海灣，這裡的海水淺、溫度上升很快、蒸發速度也很快，所以附近都很潮濕。對於此地未來氣候預測的一個情境[253]是，本世紀最後三十年（二〇七一至二一〇〇年），海灣地區的熱度和濕度都會增加，這意味著杜拜、杜哈、阿布達比和其他海灣地區的濕球溫度可能會有多次超過攝氏三十五度。屆時，海灣地區現在被視為酷熱潮濕的夏季將會成為常態。換句話說，如果不採取一些特別的緩解措施，例如在地底打造地下城市等，海灣地區將變得不再適合人類居住。對於有幸擁有空調的人來說，海灣城市現在還算是可以忍受；但是對於那些貧困或是必須在戶外工作的人來說，情況就不可同日而語了。

在沙烏地阿拉伯的麥加，到了本世紀末，氣溫可能超過攝氏五十五度，濕球溫度則達到攝氏三十二度。對於到麥加朝聖的信徒來說，過熱的天氣已經成為一個問題，因為他們白天必須在戶外禱告。在歷史上，朝聖的熱情、興奮和推擠本來就不可避免地會導致人員傷亡，但是近年來，這個本來就以炎熱著稱的國家，氣溫不斷升高，讓情況更形惡化。二〇二四年，有數以百計的朝聖信徒因超過攝氏五十度的高溫死亡：大清真寺內的氣溫更高達攝氏五十一・八度[254]。

在相對比較貧窮的葉門，亞丁灣周邊的濕球溫度可能高達到攝氏三十三度，置老人和兒童於死亡的險境。麻省理工學院的埃爾法提赫・艾爾塔希爾（Elfatih Eltahir）與傑瑞米・帕爾（Jeremy Pal）在二〇一六年的《自然氣候變遷》（*Nature Climate Change*）期刊中撰文指出：「西南亞許多地區未來的氣候，可能類似北阿法爾沙漠的當前氣候，也就是紅海〔與葉門相對〕的非洲那一邊，那裡因為氣候極端，沒有人類永久定居的地方。」[255]極端高溫可能導致中東大片地區人口減少，現有居民若非遷移，就只能等死。

海灣地區並非獨立的個案。乍看之下，中國的華北平原似乎與海灣地區形成鮮明對比，因為這裡是世界上人口最稠密的地區之一，有四億人住在此地。海灣地區四周是炎熱、乾燥的沙漠，而華北則有充足的水源，灌溉條件優越，向外延伸的灌溉溝渠讓地表空氣變得濕潤——這就是問題所在。對華北地區氣候變遷的預測顯示，濕球溫度高於農業勞工等戶外工作

253 Pal, J. S. and Eltahir, E. A. B., Future temperature in southwest Asia projected to exceed a threshold for human adaptability, *Nature Climate Change* **6**, 197-200, 2016。

254 https://amp.theguardian.com/world/article/2024/jun/18/hundreds-of-hajj-pilgrims-die-in-mecca-from-heat-related-illness。

255 Pal, J. S., and Eltahir, E. A. B., Future temperature in southwest Asia projected to exceed a threshold for human adaptability, *Nature Climate Change* **6**, 197-200, 2016。

者所能忍受的溫度[256]。印度、巴基斯坦和孟加拉的情況也雷同，這三個國家的人口約占全球人口的五分之一，其中許多人在肥沃的印度河與恆河河谷從事戶外農業工作。南亞已開始遭遇極端強度的熱浪，孟加拉灣和阿拉伯海的濕暖空氣，與密集灌溉農業與低窪地帶的潮濕空氣混合，形成了悶熱的飽和空氣。到本世紀末，印度北部平原的濕球溫度將經常超過攝氏三十五度，而一旦超過這個溫度，人類基本上是無法繼續生存的。[257]

全球有將近三分之一的人口每年遭遇致命熱浪的時間超過二十天。到了二一〇〇年，即使嚴格控制溫室氣體排放，這個數字還是可能上升至近一半的人口；如果排放量持續有增無減，這個數字更將攀升至四分之三[258]。除海灣地區、印度和中國的部分地區外，美國東南部和西非沿海地區也都在這個範圍內，有可能面臨致命的濕球溫度大幅上升的情況[259]。

尤其是西非特別令人擔憂。未來幾十年內，奈及利亞等國家的沿海地區遭遇濕熱氣候的情況將會增加，同時人口也會激增，但是緩解或保護措施卻非常有限。世界上的這些地區都正在經歷環境惡化，內陸沙漠侵蝕，而這些地區的政府也相對脆弱，不時與武裝叛亂分子發生衝突。炎熱也可能引發衝突——人類感到炎熱時就會生氣。氣候變遷與武裝衝突發生率之間的關聯備受爭議，然而，最近的一項研究卻顯示，氣候變遷對衝突的影響「不僅可觀，而且在統計學上具有高度意義」[260]。

擋不了的人類大遷徙

氣候變遷、人口快速成長以及經濟和政治不確定性導致的國內前景不佳，都是推動移民的因素。蓋亞．文斯（Gaia Vince）在其著作《遊牧世紀》（*Nomad Century*）中指出[261]，未來幾十年，人們從氣候炎熱的全球南方移居到氣候較為溫和穩定的北方是不可避免的趨勢，而且北方的人若是抱持著正確的心態，也會歡迎這樣的遷徙，尤其是考慮到全球北方有許多國家的本土人口將會迅速減少。

當然，遷徙是人類的自然狀態。在發明農業和開始定居生活之前，智人群體從未在任何

---

256 Kang, S., and Eltahir, E. A. B., North China Plain threatened by deadly heatwaves due to climate change and irrigation, *Nature Communications* **9**, 2894, 2018。

257 Im, E.-S., *et al.*, Deadly heat waves projected in densely populated agricultural regions of South Asia, *Science Advances* **3**, e1603322, 2017。

258 Mora, C., *et al.*, Global risk of deadly heat, *Nature Climate Change* **7**, 501-6, 2017。

259 Coffel, E. D., *et al.*, Temperature and humidity based projections of a rapid rise in global heat stress exposure during the 21st Century, *Environmental Research Letters* **13**, 014001, 2018。

260 Hsiang, S. M., et al., Quantifying the influence of climate on human conflict, Science 341, 2013, https://doi.org/10.1126/science.1235367。

261 Vince, Gaia, *Nomad Century: How to Survive the Climate Upheaval* (London: Allen Lane, 2022)。

地方長期定居，總是往草更綠的地方搬遷，定居生活只占人類在地球上存續時間的百分之三而已。智人的祖先也是如此。

儘管人類這個大家庭的成員向來都是不安分，不過卻有兩次大遷徙事件特別引人注目。第一次是在大約兩百萬年前，直立人首次離開非洲，擴張到歐亞大陸，分化出許多不同的物種，從在歐洲穴居的尼安德塔人，到東南亞的哈比人，還有先驅人與海德堡人。

第二次遷徙發生在大約十二萬五千至五萬年前，可能分為幾波進行。當時，原本只局限在非洲的智人擴散到歐亞大陸，並最終取代了人類家族中的所有其他成員。

如今，我們即將見證第三次的人類大遷徙，從非洲進入歐亞大陸。這些來自氣候日益惡劣地區的難民將前往北方，任何立法、任何地中海或北海的巡邏船都無法阻止他們。

然而並不是每個人都會選擇遷徙。在世界上日趨炎熱、潮濕、偶爾還會遭受洪水侵襲的地區，居民通常還是會想辦法留下來；一旦如此，數十億人將面臨滅絕，加劇本世紀末將要發生的全球人口下降。然而，其他人則會慢慢適應環境，尋求建造愈來愈隔離外在惡劣環境的城市。抵達北方的移民大潮，儘管看起來人數眾多，但是終究還是少數。

我在前兩章中，試著列出人類當前面臨的挑戰。在第七章，我探討了人口成長放緩的問題，人類數量將在本世紀達到巔峰，然後開始下降，一些人口成長預測顯示，到了二一〇〇年，人類數量會比現在還要少。這一點值得我們深思好一會兒。從一萬年前農業問世以來，人口只增不減。就我們所知，人口成長從未出現重大逆轉，除非是外來因素所造成的，如六世紀的查士丁尼瘟疫和十四世紀的黑死病等世界性流行病。

人口成長逆轉成因

當前的人口逆轉不能歸因於任何單一可識別的原因。或者說，原因有很多，但是目前還無法確定它們之間的關係。從積極面來看，過去大約一百年間，世界上許多地方的婦女解放促進了教育水平的提高、健康、福祉和壽命延長。這與過去兩、三個世紀的科學和醫學進步，以及人口統計學家所說的「人口轉型」有關——從過去每個家庭都有很多孩子，其中許多孩子預計會在嬰兒期死於一些現在很容易預防的疾病，到現在每個家庭都生育較少的孩子，但是由於衛生和醫療保健條件的改善以及疫苗接種等創新，大多數孩子預估都能長大成人。

每個家庭子女數量減少將導致許多國家出現有人幾乎沒有孩子的狀況，造成人口老化。

目前全球人口仍在增加，並在未來幾十年內還會持續增長，從而造成自身的壓力。然而，隨著動盪、擁擠的二十、二十一世紀進入二十二世紀，人口可能會減少。同時，人口成長的後果還包括氣候變遷與棲地退化，還有人口本身對過度擁擠的反應（外在表現即為愈來愈多的遷徙），以及諸如全球人類精蟲數量減少之類無法解釋的現象。

從某些層面來說，人口增加是件好事，可以推動經濟與創新。科學和工業生產力依賴大量且源源不絕的人類腦力。目前衡量經濟健康狀況的一般指標——國內生產毛額——是以成長假設為基礎的。但是就算是好東西，也不能太多。

在我看來，未來人口下降的原因，在於維持經濟成長所需的資源愈來愈匱乏，而且尋找、處理和分配資源的成本愈來愈高，對整體健康與環境帶來的影響遠超過其效益。過去幾十年來，全球經濟一直因為整體停滯的局面而起伏不定，因此，以不斷提高財富與繁榮程度為前提的國內生產毛額，可能不再是衡量經濟健康的合適方法。有一項研究顯示，地球可以維持七十億人的溫飽，但是人口總數早就超過了這個數字，而且目前所有人都在追求好的生活品質，把我們的資源基礎承受能力撐大了二到六倍[262]。在我看來，我在第七章討論到的所有趨勢——從全球經濟停滯到千禧世代對未來的期望比不上父母輩，再到精蟲數量的下降——從根本上來說，都可以歸因於這個因素。

我在第七章沒有討論氣候變遷對人類福祉的威脅，而是留在本章處理。氣候變遷來得又快又嚴重，無論是由於高溫、乾旱、洪水，或是由於這些災害引發的戰爭，氣候變遷都對智人的生存構成了威脅。只是所有關於人類人口未來下降的預測都沒有明確考慮到氣候變遷的影響。

人類生育率下降可能反映了人類對氣候變遷威脅的某種天生認知。根據目前的證據，我們還很難認定這種認知的表現是有意識的決定——也就是因為經濟狀況或職業發展讓人決定推遲生兒育女——抑或是生理上的決定，例如由於過度擁擠、壓力或其他因素導致精蟲數量下降。很可能是二者的混合。

當然，這些討論大多都是基於預測——包括對人口趨勢的預測，也包括氣候變遷的預測。我們已經知道預測是一門不精確的科學，所以，我在這裡討論的所有世界末日場景都有可能——只是有可能——根本就不會發生。然而，隨著時間的推移，數據愈來愈全面，預測模型也愈來愈完善，而目前看到的情況似乎只會更壞，而不會更好。

當保羅·艾理希撰寫《人口爆炸》一書時，世界人口還只是目前總人口的一小部分，當時他還無法清晰預見一些創新，如農業領域的「綠色革命」（我將在稍後討論）以及發展趨勢（例如女性解放的增加和家庭規模常態的改變等），都讓人口在增長的同時，避免了保羅·

---

262 O'Neill, D. W., *et al.*, A good life for all within planetary boundaries, *Nature Sustainability* **1**, 88-95, 2018。

艾理希所預測的飢荒和災難。從某種意義上來說，智人只是推遲了清算末日的到來：當今世界人口數量已經超過了長期可持續供給的能力，而且人口仍在增長。

然而，幾十年後，人口數量將趨於平穩並開始減少，而且可能非常迅速——這是在一九六〇年代無法預測的事情，儘管當時世界人口達到並且超越了最高成長率。即使沒有氣候變遷，人類數量也會急劇下降。一旦加入此一因素，人口萎縮的程度可能更難承受，而我們原本或許可以避免或是根本就不需要經歷這種程度的萎縮。

09 每況愈下之後

Free Fall, and After

> 只要輕輕一碰，他們那無力支撐的驕傲與權力就會轟然倒塌。即將滅亡的參議院突然發出光芒，閃耀一瞬，然後就永遠熄滅了。
>
> ——愛德華．吉朋，《羅馬帝國衰亡史》

即使不考慮氣候變遷帶來的額外危害，預測本世紀末世界人口數量就已經相當困難了，畢竟，那些要面對二十二世紀挑戰的人現在幾乎都還沒有出生。或許，我們最多只能說，未來世界人口的數量將與現在大致相同，只是貧富程度不同而已，但是其中非洲人或非洲裔的比例會更大。

若是展望更長遠的未來，則誤差風險更大。有一項研究[263]根據目前的生育率和平均餘命，

263 Basten, S., *et al.*, Very long range global population scenarios to 2300 and the implications of sustained low fertility, *Demographic Research* **28**, 1145-66, 2013。

大膽推斷到二三〇〇年的人口趨勢，結果發現人口急劇下降。即使從寬假設總生育率達到一・五至一・七五，到二二〇〇年，世界人口也將下降至二十六至五十六億之間；若是到二三〇〇年，更將下降至九億至三十二億。而上一次世界人口在十億左右，是一八〇四年拿破崙戰爭期間[264]。

展望比二三〇〇年更長遠的未來，似乎真的是愚不可及——卻並非不可能。普林斯頓天文物理學家李查德・戈特（J. Richard Gott）進行了一項大膽的思想實驗，預測人類何時會滅絕[265]。戈特並沒有推論生育率或死亡率，也沒有預測氣候變遷的影響；反之，他從機率的角度進行論證。

從機率推論人類滅絕時間

很久、很久以前，人類的傳統觀點認為地球是宇宙的中心，太陽和行星圍繞著地球旋轉。波蘭天文學家尼古拉・哥白尼（Nicolaus Copernicus，一四七三－一五四三）推論出地球繞著太陽旋轉，跨出了第一步，消弭了地球在宇宙中占據特殊地位的解讀。隨著時間的推移，大家開始意識到太陽也不是宇宙的中心，只是數十億普通恆星的其中一顆，位於數萬億普通星系其中一個星系的安靜外圍，不享有任何特殊的特權。在過去的三十年間，人類發現了許多恆星，其中大部分都有行星系統，因此太陽系絕不是獨一無二的[266]。簡言之，地球在宇宙中並沒有任何特殊地位，由此推論，我們也沒有。

戈特的想法是將哥白尼原理（Copernican principle）應用於時間，而不是空間。他推斷，沒有任何一個聰明的觀察者（比方說，像你）可能生活在人類歷史上任何一個特別的時刻。

戈特從小處入手，回想自己在一九六九年造訪柏林圍牆的情景[267]。根據哥白尼原理，他推斷自己造訪圍牆的時間，極不可能在一九六一年建造柏林圍牆的前後，也不可能發生在柏林圍牆倒塌前後。他認為，他去柏林圍牆是在圍牆存續的中間這段百分之九十五的時間內——既不是柏林圍牆最初興建階段的百分之二．五的時間，也不是最後倒塌階段的百分之

---

264 https://populationconnection.org/blog/world-population-milestones-throughout-history/。

265 Gott, J.R., Implications of the Copernican principle for our future prospects, *Nature* **363**, 315-9, 1993; discussed in a 2017 article in the *Washington Post* by Christopher Ingraham, https://www.washintonpost.com/news/wonk/wp/2017/10/06/we-have-a-pretty-good-idea-of-when-humans-will-go-extinct/。

266 在撰寫本書時（二〇二三年十二月一日），美國太空總署（NASA）列出了地球以外的四千一百三十五個行星系統，其中包含五千五百五十顆已確認的行星，另有一萬零九個可能的行星目擊事件有待確認。然而，地球仍是獨一無二的（迄今為止），因為它是唯一一個擁有生命的星球。可是在地球上，有智慧的生命卻付之闕如，正如我兒子所說的，他只會在這裡待到蜥蜴人回來認領他為止。https://exoplanets.nasa.gov。

267 給年輕讀者的註解：柏林圍牆是冷戰時期的一座建築，曾將德國柏林市分為西部和東部。

二・五[268]。但是柏林圍牆何時會被拆除呢?根據他隨機造訪的一次情況,透過簡單的計算,推估柏林圍牆拆除的時間可以確定在他造訪後的〇・二年至三百一十二年之間——即應用統計學家所謂百分之九十五的「信賴界限」(confidence limits)。事實上,二十年後,也就是一九八九年,柏林圍牆倒塌了,完全落在戈特認定的寬廣界限之內。

然後,戈特將他的推理應用於整個人類歷史。想像人類歷史是一條直線,從大約三十一萬五千年前已知最早的智人出現開始,到未來的某個時間結束。顯然,你活在二者之間,但是確切在哪個階段呢?至少在一開始的時候,你根本不知道自己是活在人類文明的黎明時期(也就是人類歷史將比我們預測的要長很多),還是活在接近人類滅亡的某個時刻(在這種情況下,人類的餘命將短得多)。總之,你就是在中間的某個位置。

跟柏林圍牆的例子一樣,我們假設你活在人類歷史百分之九十五的中間階段——距離我們物種的誕生或消滅都有百分之二・五以上的時間。接近其中一個或另一個劃時代的時刻會賦予你一種既不想要也不配得到(從統計學角度來說)的特殊地位。由此,很容易推算出,人類物種將在未來的八千零七十七至一千兩百二十八萬五千年之間的某個時間點滅絕[269]。

智人從地球上消失：未來一萬年左右

撇開智人在所有領域（尤其是在人口規模方面）取得的成就都遠超過其前輩此一無可置疑的事實不論，人類在一千兩百多萬年後滅絕確實顯得過於寬大了。人類家族中沒有任何其他物種能延續如此之久[270]。比方說，我們可以在西班牙阿塔普埃爾卡山脈（Sierra de Atapuerca）的化石中找到尼安德塔人（跟智人血緣最接近的近親）的最早跡象，時間可追溯

---

268 為什麼是九十五%呢？沒有什麼特別的原因，只是統計學的慣例傾向於認為發生機率必須是五%（二十分之一）或更低（即一〇〇%減九十五%），才算是顯著性差異，而這樣的結果才有特別的意義。反之，若是發生機率為九十五%以上的事件（二十次中有十九次），那就沒有什麼特殊之處，代表這樣的事情幾乎必然會發生——例如：在柏林圍牆存續的某個時刻出現，既不是特別接近開始，也不是特別接近結束。使用九十五%純粹是常規做法。根據你想要發現的結果，顯著性檢定可以設定為九十九%（百分之一）或九十九．九%（千分之一），或是任何你想要設定的數值。我應該補充一點，像這樣的顯著性檢定已經過時了，現在統計學家更喜歡用其他更精細的統計方法，例如貝葉斯統計（Bayesian statistics）。有關貝葉斯統計的深入討論，請參閱湯姆．齊弗斯（Tom Chivers）的《凡事皆可預測》（*Everything Is Predictable*, New York: Simon & Schuster, 2024），這本書不需要專業知識，統計外行人也都看得懂。

269 戈特推估的數字是五千一百二十八和七百八十萬年之間，不過這是根據智人大約在二十萬年前出現所得到的推論，而在一九九三年，這已經是我們所知道的智人最早出現的時間了。

270 給貝葉斯粉絲的註解：基於我們對地球上其他古人類物種生存狀況的了解，這意味著我們應該將我們的「先驗」（「先驗機率」的縮寫）從一千兩百萬年調整為更短。換言之，鑒於大多數古人類物種的存在時間似乎都不超過一百萬到兩百萬年，因此，假設智人存續的時間也相去不遠，似乎是一個合理的開始。但是從另外一個角度來說，智人在更短的時間內取得的成就，比我們所知的任何其他古人類物種都要多，也讓此一假設受到質疑。這就是先驗的問題。

到三十多萬年前[271]，但是該物種在與智人接觸後不久就滅絕了，時間大約在四萬年前[272]；也就是說，他們在地球上居住的時間總共約為二十五萬年。有人可能會說，尼安德塔人若是沒有不幸的遇到我們自己，可能會延續得更久一點。

直立人——前述兩個物種的祖先——延續的時間稍長。他們出現在大約兩百萬年前，並在大約十萬年前消失[273]，這個時間比尼安德塔人長得多，但是也還不到數百萬年。一般來說，哺乳類物種（包括直立人、尼安德塔人和我們）的存續不超過一、兩百萬年左右，然後要不是滅絕，就是演化成某種顯然不同的物種。

那麼最尖銳的預測又如何呢？——預測人類可能在未來八千年左右滅絕？這個預測很引人深省，因為會迫使你思考自己是否在歷史上擁有特殊地位。這就表示：你正生活在整個人類史上獨一無二的時期，人口成長率正在放緩並即將出現逆轉。從這一點來看，我認為你所處的位置更接近人類歷史的終結而不是起始；我敢大膽地推測——帶著揮手道別的手勢——智人將在未來一萬年左右從地球上消失。

我還有另外一個悲觀的理由，而這個理由來自一個意想不到的地方。一九九四年，《自然》期刊發表了一篇精簡而極專業的論文，作者是一群理論演化生物學家。這篇論文只有兩頁，提出了一個叫做「滅絕債務」的概念[274]。

滅絕債務：注定人類最終命運

任何物種滅絕的一個重要原因，就是生存所需的棲地遭到破壞。如果所有樹木都砍伐殆盡並由草地取而代之，那麼在高樹上築巢的鳥類就無法生存。像森林這樣的棲地通常不會一次就全部砍光，而是逐漸被道路分割，分批砍伐，留下一個個較小的林地網絡，這些林地彼此分離，就像被海洋隔開的島嶼一樣。在這些愈來愈小的樹林裡，留下來的物種會怎麼樣呢？

那些始終都很稀少的物種很容易受到偶發事件的影響而滅絕。然而，即使是任何一片林地中常見的物種，在棲地遭到一定程度的破壞之後，也將無可避免地走向滅絕之路，即便是

271 Arsuaga, J.-L., *et al.*, Three new human skulls from the Sima de los Huesos Middle Pleistocene site in Sierra de Atapuerca, Spain, *Nature* **362**, 534-7, 1993。
272 Higham, T., *et al.*, The timing and spatiotemporal patterning of Neanderthal disappearance, *Nature* **512**, 306-9, 2014。
273 Rizal, Y., *et al.*, Last appearance of *Homo erectus* at Ngandong, Java, 117,000-108,000 years ago, *Nature* **577**, 381-5, 2020。
274 Tilman, D., *et al.*, Habitat destruction and the extinction debt, *Nature* **371**, 65-6, 1994。

在關鍵樹木遭到砍伐時，這些物種看起來健康狀況良好，而且周圍還有許多其他樹木。這些常見的物種——也就是在任何一片棲地生存和奮鬥，而且看起來沒有滅絕危險的物種——稱為優勢競爭者，事實證明，優勢並不能讓它們免於無可避免的滅絕。事實正好相反。如果某個物種占據了原始棲地的百分之十，那麼即使同一棲地的百分之十在隨機選擇下遭到破壞，從表面上看，該優勢物種仍占據剩餘百分之九十的棲地，似乎可以確保其安全。

然而，情況並非如此。

「令人驚訝的是，」研究人員表示：「隨機選擇破壞地點跟**精確**選擇摧毀優勢競爭者占據的地點，最終產生的效果是一樣的〔粗體字是我標示的，以示強調〕。」

即便自那次至關重要的棲地破壞事件之後又經歷了更多世代，該物種仍將面臨滅絕，償還研究人員所稱的「滅絕債務」。它們可能並不知道自己已經成為一個行屍走肉的物種。論文的結語——回想起來，再想到我迄今在這本書中所寫的所有內容——聽起來像是對我們人類物種的可怕警語：

> 儘管棲地遭到破壞會導致物種滅絕是眾所周知之事，但是我們的研究結果警示了棲地破壞的一個意想不到的後果，可能是最佳競爭者的選擇性滅絕。這**些物種通常會最有效的使用資源，也控制著主要的生態系統功能。**

〔粗體字是我標示的，以示強調〕

真要說的話，智人在他所占據的單一棲地——地球——上，已經是優勢競爭者。事實上，智人的主導地位之強，讓他在很久以前就將所有其他競爭對手都推向滅絕。人類掠奪地球資源的程度令人震驚。據估計，地球上綠色植物光合作用所產生的所有產物中，有百分之二十五到百分之四十被人類占用[275]。智人及其飼養的家畜占所有哺乳動物物種的百分之九十六；所有其他哺乳動物，從非洲食蟻獸到斑馬，都必須擠進剩下的百分之四；而你見到的每十隻鳥當中，（平均）有七隻都是養殖的家禽[276]。正如我在第八章所說的，智人正逐漸使地球的大部分地區變得不再適合居住，不僅不適合其他物種居住，甚至也不適合智人自己居住。終究會有一棵雨林樹木倒下來，代表人類走向滅亡的命運。沒有人知道那棵樹會在何時、何地遭到砍伐；也許它還沒有被砍掉，還完整地保留在婆羅洲或亞馬遜河流域的深處。如果真是這樣——樵夫啊，請你饒了那棵樹吧！

---

275 Krausmann, F., *et al.*, Global human appropriation of net primary production doubled in the 20th century, *Proceedings of the National Academy of Sciences of the United States of America* **110**, 10324-9, 2013。我在本書稍後還會探討光合作用對人類生存的重要性。

276 Bar-On, Y. M., *et al.*, The biomass distribution on Earth, *Proceedings of the National Academy of Sciences of the United States of America* **115**, 6506-11, 2018。

但是我們怎麼知道哪棵樹才是至關重要的那棵樹呢？我猜它很早以前就被砍掉了，人類的命運早已注定。

拉帕努伊島給世人的警訊

可別說我們沒有接到警訊。

位於東太平洋的拉帕努伊島（Rapa Nui，又稱復活節島）是地球上最偏遠的有人地區之一。第一個踏上這片土地的歐洲人，是一七二二年抵達此地的荷蘭探險家雅各布・羅赫芬（Jacob Roggeveen）。與大家心目中聯想到的南太平洋島嶼不同，這裡非但沒有鬱鬱蔥蔥的棕櫚樹環繞，反而只見到一片光禿禿的荒地。

不過，當地原來也不是這般樣貌。

在羅赫芬到達此地之前，一度富饒的環境已被當地居民破壞[277]。在十一世紀到十七世紀之間，島上的各個敵對部落為了超越對方，接連建立了巨大的雕像，又稱為摩艾石像（*moai*），如今島上因這些雕像而聞名，不過這種做法卻導致島上所有本土陸地鳥類滅絕（至少有六種）。拉帕努伊島上曾經有二十五種海鳥繁殖，現在只剩下一種。

而且他們還砍光了所有的樹木。

如今，拉帕努伊島上只有四十八種原生植物存活，最大的一種是只有兩公尺高的灌木，另外的二十二個物種則已經消失，全部被砍倒，一個都不留，其中包括曾經是世界上最高的棕櫚樹種，其高度超過了現存最大的物種——高度有二十公尺、周長達一公尺的智利酒棕櫚（Chilean wine palm）。一旦樹木和鳥類全部消失，島民就沒有生存所需的木材——他們沒有材料可以製作用於捕獵海豚的遠洋獨木舟，沒有纖維、建築材料、食用水果或柴火來源。其後果就是大規模飢荒、人口急劇減少，內戰和人吃人的現象加劇。由於找不到足夠堅固的樹木來打造居所避難，許多島民只能住在山洞裡，並將入口部分封住，以防禦飢餓的鄰居入侵。詹姆斯・庫克船長（Captain James Cook）在一七七四年撰文描述僅存的島民「身材矮小瘦弱，膽怯又悲慘」，他們只能在祖先遺留下來的高大巨石之間，靠著務農勉強維持生計[278]。

我們忍不住想問，砍倒拉帕努伊島上最後一棵樹的人是否意識到這項行為會帶來的後果？「我常問自己，」賈德・戴蒙寫道[279]：

---

277 在進一步闡述之前，我應該先說明一下，有關拉帕努伊島在接觸現代文明之前社會與生態崩潰的故事，最近受到了質疑。DiNapoli, R. J., *et al.*, A model-based approach to the tempo of "collapse": the case of Rapa Nui (Easter Island), *Journal of Archaeological Science* **116**, 105094, 2020。

278 Gee, H., Treeless at Easter, *Nature* **431**, 411, 2004。

279 Diamond, J., Twilight at Easter, *The New York Review of Books*, 25 March 2004。

砍倒最後一棵棕櫚樹的復活節島民在砍樹時說了什麼？他是否像現代伐木工人一樣，高喊著「要工作，不要樹木！」？或者是「技術將解決我們的問題，不用擔心，我們會找到木材的替代品」？還是「我們需要更多的研究，你提出來的禁伐令為時過早」？

一旦島民砍倒所有可以建造遠洋獨木舟的樹木，他們就等於切斷了與地球其他部分的聯繫。他們離群索居，完全孤立，只能依靠自己日益減少的資源。拉帕努伊島和地球之間的相似之處太明顯了，或許無需贅言。

在接下來的幾千年裡，人口將下降到最終無法持續的水平，並面臨滅絕。講到這裡，我要回到在前言中提到的「安娜卡列尼娜原則」：所有快樂、繁榮、豐茂的物種都是一樣的，但是每個面臨滅絕的物種各有不同的消亡方式。因此，要準確預知最後一個人類將如何或在何處迎接自己滅亡的命運是極為困難的，甚至比估計人類最終滅亡的時間還要更難。話雖如此，根據我們已知的物種滅絕情況，還是可以概括出一些一般性的要點。

物種滅絕的一般性因素

姑且不論發生某種全球性災難，一下子消滅數百萬或數十億人（像是全球性的核戰、小行星撞擊、機器人暴動，或是真的很凶猛的流行病），動植物的滅絕都是發生在數量已經大幅減少、變得極其脆弱的小群體——最多只有幾百個個體。大群體從來不會遇到極小群體面臨的生存威脅，因為數量愈多就愈安全。比方說，一些小族群可能會因反常的天氣或某些重要資源的突然枯竭而滅絕。這很容易想像，假設有一種蘭花因為只生長在某一塊林地中，所以極為稀有，後來就在新的開發計畫中消失了。蘭花可能曾經廣泛分布，但是因為多種因素將一度連續分布的種群分裂成一個個小島（或棲地區塊），每個島嶼都與其他島嶼相距遙遠，於是只能各自受命運的擺佈。首先是某一區塊的蘭花消失，然後是另一區塊，直到只剩下唯一的區塊，最後就完全消失。

除了偶發不幸事件帶來的風險增加之外，族群規模小還會面臨其他威脅。當群體數量較少時，不健康特徵浮現出來並在群落中成為確定特徵的風險就會增加。正如前文所述，對於人口規模小導致的遺傳問題，智人並不陌生。當不健康的突變在一個族群中變得更普遍時，其結果就是降低該族群的適存度。

講到這裡，我應該補充說明「適存度」（fitness）在遺傳學上的意義。在演化的語言中，「適存度」是指個體——或成對的個體——繁殖後代的能力，而且這些後代必須能夠存活到成年，並開始自我繁殖。適存度低的族群能夠產生的健康後代數量較少。照理說，當不健康的突變變得普遍時，適存度就會下降。若是族群產生能夠存活的後代數量較少——與族群規模較大的情況相比——就會有滅絕的風險。

隨機威脅和適存度下降還不是小族群面臨的唯一困境。當族群規模變小且零散時，選擇合適的伴侶就成為一項挑戰。選擇來自不同群落的交配對象總是會有優勢，因為這樣可以避免近親繁殖的憂慮，減少不健康突變出現並降低族群適存度的風險。然而，當族群變得零散，倖存個體之間的距離愈來愈遠時，尋找配偶就會變得愈來愈難，到最後終於變成不可能的任務。

借鑑尼安德塔人發展模型

這一切聽起來都很罕見，而且純屬理論，不過確實有一個模型可以預測智人的未來發展。這個模型說來再適切不過，可是卻又帶著一點感傷，因為它來自人類已知最親近卻已滅絕的親屬——尼安德塔人。

我再提醒一下，尼安德塔人最早出現在三十萬年前。大約在那個時期，一群具有尼安德塔人特有濃眉和長型大腦特徵的古人類生活在西班牙北部的阿塔普埃爾卡山脈。尼安德塔人在歐亞大陸的分布，西自西班牙，東到西伯利亞，北自俄羅斯北極，南至黎凡特，他們最遲一直生活到四萬年前[280]。現代人類——智人——大約在四萬五千年前開始在歐亞大陸大量出現，這兩個物種在時間上重疊了兩千六百年至五千四百年，此後尼安德塔人就消失了。

智人的出現最終成為尼安德塔人消失的原因，正如同他們導致地球上所有其他古人類的滅絕一樣。這並不是因為現代人類在任何方面都更優越，而是因為他們的數量更多。尼安德塔人純粹就只是被新來的人種給淹沒了。

一八五六年，在德國的一個洞穴中發現了一種奇怪的、以前未知的人類骨骼，此後我們才開始認識尼安德塔人。儘管早在一八四八年就已經在直布羅陀發現了後來被確認為尼安德塔人的頭骨，但當時科學界對於已經滅絕的人類物種還一無所知，因此對於這些骨骸屬於

---

280 Higham, T., *et al.*, The timing and spatiotemporal patterning of Neanderthal disappearance, *Nature* **512**, 306-9, 2014。

新物種，抑或是來自比較近代的一些畸形的可憐人，仍存有激烈的爭論。甚至有人認為，這具遺骸屬於拿破崙戰爭期間陣亡的一名哥薩克士兵。在那之後，科學家陸續發現了許多尼安德塔人的骨骸，而現代科學的一項奇蹟就是在某些有利的條件下，我們可以從這些骨骼和牙齒中提取DNA，也就是遺傳物質[281]。近年來，這項技術為我們提供了尼安德塔人存續歷史中大部分時期的基因圖譜，讓我們能夠繪製出他們的人口結構，並對他們的生活與時代略知一二。

顯然，尼安德塔人似乎從未普遍存在過。縱觀他們的歷史，其遺傳多樣性比任何現代人類群體都要低。請記住，從基因上來說，現代人類的同質性已經是非常高的了：尼安德塔人的遺傳多樣性甚至比現代人類還要低，這既反映了他們較小的人口規模，也反映了他們在歷史上多次瀕臨滅絕卻再度從倖存的創始種群中重新建立群體的可能性，每一次都與永恆擦肩而過。例如，基因證據顯示，從十萬年前開始，許多尼安德塔人都只是來自少數祖先，這意味著出現一個基因「瓶頸」，導致大多數尼安德塔人種群滅絕——這就是創始者效應在起作用[282]。此外，也有證據顯示，在尼安德塔人歷史的後期，歐洲的許多尼安德塔人族群消失了，可能是因為冰河時期的氣候愈來愈寒冷所致，取而代之的是其他從南歐和西亞等較溫暖地區遷入的尼安德塔人[283]。由於生存條件脆弱，尼安德塔人的平均適存度比現代人類低了百分之四十[284]，這代表他們不擅長繁衍後代，而且就算生下了後代，也比較不可能存活到具有繁殖能力的年齡。人口規模小會導致各種先天性異常，如脊椎畸形和乳牙保留到成年期，其發生率遠高於現代人類[285]。

近親繁殖也屢見不鮮。一個尼安德塔人的女性趾骨在西伯利亞南部阿爾泰山上的丹尼索瓦洞穴中出土，其DNA顯示，她的父母關係密切，可能是同父異母或同母異父的兄弟姊妹，顯然近親通婚在她的直系祖先中很常見[286]。另一項研究針對至少十三個在阿爾泰山找到的尼安德塔人，詳盡地介紹了他們的群體。在查吉爾斯卡亞（Chagyrskaya）洞穴中發現的十一具遺骸中，有兩具是父女，另外兩具則是血緣相近的表親[287]。他們全都是高度近親繁殖，而且在任何時候，群體的總規模可能都在二十人左右。然而，也有證據顯示，該群體中的大多數女性

281 詳見斯萬特．帕波的著作《尼安德塔人：尋找失落的基因組》（New York: Basic Books , 2015），書中以生動且深入淺出的文字詳述了這項研究。

282 Vernot, B., *et al.*, Unearthing Neanderthal population history using nuclear and mitochondrial DNA from cave sediments, *Science* **372**, 2021, https://doi.org/10.1126/science.abf1667。

283 Hajdinjak, M., *et al.*, Reconstructing the genetic history of late Neanderthals, *Nature* **555**, 652-6, 2018。

284 Harris, K., and Nielsen, R., The genetic cost of Neanderthal introgression, *Genetics* **203**, 881-91, 2016。

285 Rios, L., *et al.*, Possible further evidence of low genetic diversity in the El Sidrón (Asturias, Spain) Neandertal group: congenital clefts of the atlas, *PLOS One* **10**(9), e0136550, 2015。

286 Prüfer, K., *et al.*, The complete genome sequence of a Neanderthal from the Altai mountains, *Nature* **505**, 43-9, 2014。

287 Skov, L., *et al.*, Genetic insights into the social organization of Neanderthals, *Nature* **610**, 519-25, 2022。

來自其他群體。這與一般靈長類動物一樣，雄性傾向於留在原生的群體，而雌性則傾向於遷移到其他地方。

女性在群體之間的遷移至關重要，否則尼安德塔人的近親繁殖問題會更嚴重，而且這也有助於促進原本孤立和零散的家庭群體之間的友誼。或許正是這個因素——女性遷徙——讓尼安德塔人能夠存續這麼久。儘管一直在滅絕的邊緣徘徊，但是在不同群體之間的女性流動卻足以讓生命的火焰繼續燃燒。當現代人類遷入尼安德塔人的領域時，產生的一個影響就是將各個尼安德塔人群體彼此分離，抑制了他們之間的女性流動[288]。由於群體日益孤立，尼安德塔人只好開始近親繁殖——或是與現代人類雜交。無論哪種情況，都會導致尼安德塔人這個獨立物種消失，而在當今所有非純粹非洲血統的現代人類身上留下了DNA的痕跡。

尼安德塔人漫長而悲傷的故事，描繪了地球上最後一批智人可能面臨的情況。不斷減少的人口，加上長期資源匱乏和氣候變遷的額外破壞，導致智人群體變得四分五裂，散布成愈來愈孤立的碎片。首先會有一小批人口消失，然後是第二批，直到最後，在碩果僅存的智人群體中，最後一個人也消失了。

這個情況會在未來一萬年間發生。

除非……

288 Vaesen, K., *et al.*, Inbreeding, Allee effects and stochasticity might be sufficient to account for Neanderthal extinction, *PLoS ONE* **14** (11), e0225117, 2019; Kolodny, O., and Feldman, M. W., A parsimonious neutral model suggests Neanderthal replacement was determined by migration and random species drift, *Nature Communications* **8**, 1040, 2017。

第三部

脫困

智人是極具破壞性的物種，卻也極富創造力，
有機會透過技術創新向太空擴大自己的生態位，避免滅絕的命運，
但速度必須要快——在未來兩百年內辦到。

10 綠色、女性的未來
The Future is Green and Female

如果我們將此有害發明（火藥）的快速進步，與理性、科學以及和平之藝術緩慢且艱苦的進步相比，那麼哲學家——依據個人性情不同而定——肯定會為人類的愚蠢而大笑或哭泣。

——愛德華．吉朋，《羅馬帝國衰亡史》

對於用了前面幾章來描繪人類未來的黯淡前景，我完全不需要道歉。一連串本身的根本問題（精子數量低、基因同質性高、經濟困境）和外部問題（人類活動威脅到地球宜居）共同導致智人在地球上的存續時間縮短。這還不包括我完全沒有提到的威脅，例如核戰、大型小行星或彗星的撞擊，或是像人工智慧等技術創新的意外後果。

不過話又說回來，我描述的世界末日場景迄今都尚未發生。就像查爾斯．狄更斯的《聖誕頌歌》（*A Christmas Carol*）書中那個來自未來的聖誕幽靈一樣，我只是向你們展示了一個可能會發生的世界——如果我們持續現在所作所為的話——並非一定會發生。

因此，在本書的最後一部分，我將試著勾勒出所謂的好萊塢式結局，找到可能存在的解決方式，一種延長智人生存時間的方法，有可能走到比李查德．戈特預測結局更遙遠的未來，也就是數百萬年後。這有賴人類的聰明才智：即使在看似被逼入絕境、無力回天的情況下，還是有辦法掙脫困境。

建議方案：太空殖民

我提出的解決方案是太空殖民，無論是太陽系其他天體的表面，如月球或火星，或是改造後的小行星內部，又或者是完全人造的太空軌道棲地[289]。基於我們所知道的人類智慧，可能也有其他解決方案，例如：改造火星或金星等其他行星，讓它們「地球化」，變得適合人類居住，無需使用特殊的呼吸設備或太空衣；甚或是大規模編輯人類基因組，消弭不良特性或使人類適應到目前為止還無法以自然手段實現的條件，例如在水下呼吸，或在零重力條件下

289 然而，值得一提的是，戈特曾明確表示，人類極不可能發展成為適合太空旅行的物種，最多只能到某種程度。

無限期茁壯成長[290]，或在其他極端處境下獨立存活。然而，我的解決方案必須在未來兩個世紀內實現，才能避免人類滅絕——我稍後會解釋原因。有些解決方案還遠在未來（地球化改造）或受限倫理考量（大規模基因工程），因此我不會進一步討論[291]。

太空殖民的驅動力將從智人在地球的改變開始，最初是為了適應人口不斷增長、自然資源日益減少和氣候變遷所帶來的壓力。起初，這種變化似乎與生產糧食、能源安全或城鎮規畫等看似平淡無奇的地面活動更有關係，而不是關於太空旅行。未來也許會證明這樣的發展對太空殖民的準備是有幫助的。

首先，人類需要發展新型農業來養活不斷增長的人口，從最小的空間獲得最大量的營養。為了理解這一點，我必須花一點時間來討論在一九五〇和六〇年代，智人如何利用農業技術，逃掉了保羅．艾理希在《人口爆炸》一書中預測的那把迫在眉睫的鐮刀，還有現在需要如何進一步加強表現。鑒於人類最終都必須依賴植物生存，以及目前地球上的植物生產力有很大一部分遭到剝奪，我將深入研究光合作用的細節，即植物利用陽光、水和二氧化碳來製造食物的過程。事實證明，光合作用是一個效率極低的過程，即使到現在，人類也還在試圖尋找改善方法，或是開發人工方式來模仿光合作用。人類在太空的未來將取決於此。

第二，人類必須持續強化婦女賦權，這是人類歷史上晚近才發生的事，但是必須繼續進行。

第三，也是最後一點，人類必須齊心協力來改善和部署殖民太空所需的技術。經過長期的沉寂之後，載人太空探索目前正迎來復興的起步。

這個解決方案是必須付出代價的，而這個代價的貨幣就是時間。簡言之，我們沒有太多時間。智人正處於人類歷史的關鍵時期，也就是人類不斷增加的潮流即將達到巔峰，然後開始退卻的轉折點。如果人類不充分利用當前龐大人口所提供的大量腦力資源，太空殖民將會步履蹣跚，最終走向失敗。誠如前文所述，我們需要數億乃至於數十億人口的文明才能孕育偉大的發明。而有些預測顯示，到了二三〇〇年，地球人口可能會減少到十億人以下——在可用資源將會枯竭而不是增加的背景之下——太空殖民必須在未來一、兩個世紀內取得重大進展，否則人口將減少到無法支持進入太空所需的技術創新和創造力。我們現在就必須開始思考這個問題。

290 太空人若是長時間停留在沒有重量感的太空中，會出現一系列負面的生理狀況，如骨質流失、肌肉萎縮和心血管問題。截至撰寫本書時，人類停留在太空中的最長紀錄是三百七十一天。https://www.bbc.com/future/article/20230927-what-a-long-term-mission-in-space-does-to-the-human-body。

291 其他同樣不列入討論的還有超光速旅行、無限期人體冷凍保存或人類冬眠、世代星際飛船等。

人類引發第六次大滅絕？

我們首先必須認識到人類終將滅絕。從長遠來看，所有物種都會滅絕。據說，已故的古生物學家大衛·勞普（David Raup）曾經說過，根據初步估算，地球上沒有生命，因為曾經存在過的物種有百分之九十九都已不復存在。

物種隨時都在滅絕。然而，在地球歷史上的某些時期，滅絕的強度遠遠超過了物種在悄悄退出舞台時通常發出的嗡嗡聲和沙沙聲。據了解，過去的五億四千萬年間，曾經發生過五次所謂的大滅絕事件[292]。其中最嚴重的一次發生在大約兩億五千萬年前的二疊紀末期，當時一系列超級火山爆發向大氣中釋放了有毒氣體，導致地球平均溫度上升了好幾度。於是，數十萬年間，大約百分之九十五的海洋物種和超過百分之七十的陸地物種遭到滅絕[293]。第二大的滅絕事件發生在六千六百萬年前，就在白堊紀末期，這次事件比二疊紀末期的滅絕事件更出名，一部分是因為性質十分引人注目，當時有顆小行星撞擊地球，突然引發了滅絕浪潮，同時也因為這個事件消滅了地球上最著名的史前居民——恐龍。如今，人類對地球生態系統的主宰已經提高了第六次大滅絕正在發生的可能性。目前的共識是，智人對地球生物多樣性的影響尚不及所謂「五大滅絕」的規模——至少現在還沒有[294]。目前這樣的作為人類還需要持續五百年才會達到門檻[295]。然而，正如我先前所說的，人類對地球生物多樣性的影響已經非常極端，我將在本章進一步討論這一點。

現在，先談談迫在眉睫的問題。動植物物種往往具有特定的壽命期限，哺乳類物種的壽命一般為一百萬年左右，儘管此一數字存在巨大差異[296]；然而，智人卻是個例外，因為就我們所知，在地球上演化出來的所有物種之中，智人是唯一一個意識到自己在宇宙中位置的物種，因此在一定程度上能夠掌控自己的命運。來自未來的聖誕幽靈對每個物種都提出警告，提醒其滅絕的命運，但是只有智人能聽得到。只是他們會聽嗎？換句話說，智人能否利用自己的聰明才智擺脫困境，克服難關？

答案是肯定的——因為過去已經發生過不只一次了。

---

292 Brannen, P., *The Ends of The World* (London: Oneworld, 2017)。
293 Benton, M. J., *When Life Nearly Died* (London: Thames and Hudson, 2003)。
294 Hannah, M., *Extinctions: Living and Dying in the Margin of Error* (Cambridge: Cambridge University Press, 2021)。
295 Barnosky, A., *et al.*, Has the Earth's sixth mass extinction already arrived? *Nature* **471**, 51-7, 2011。
296 https://www.pbs.org/wgbh/evolution/library/03/2/l_032_04.html#:~:text=Mammals%2C%20for%20instance%2C%20have%20an,long%20as%2010%20million%20years。

飢荒的救贖：高產量糧食品種

在智人存續的歷史上，約有百分之九十七的時間是以狩獵採集維生。要狩獵和採集到足夠的資源來養活人，甚至達到維持生計的水平，都需要大量的領土，但並非所有地方都適合。狩獵採集群體往往生活在有動植物可供狩獵和採集的地方，不過會避開那些可能感染疾病的地區，而這些地區偏偏又多半是生物多樣性最豐富的區域[297]。此外，人類也不能住得太近，因為沒有足夠的資源來養活大量依靠土地生存的人口。換句話說，地球的承載力相當低。有一項研究顯示，如果全人類都靠狩獵採集為生，地球只能養活一千萬人[298]——儘管這個估計數字的差異很大。對於狩獵採集群體來說，認為地球能夠養活更多生命的想法太過荒誕不稽，但是如今地球卻養活了超過八十億的人口。

這種轉變源自於農業，這是一種革命性的生活方式，狩獵採集者留在家裡，在面積相對較小的土地上種植他們所需的一切。在大約一萬年前農業發明之後，人口開始蓬勃發展。首先，因為農業消弭了早期狩獵採集生活方式所造成的承載力限制。其次，因為在這個過程中，人類馴化了各種動植物來滿足其需求——選擇諸如玉米穗更大的品種或羊毛更柔軟的綿羊等特性——並在此過程中創造出比野生近親產量更高的生物。第三，農耕生活讓女性可以更頻繁地懷孕。在狩獵採集社會中，人類總是在遷徙，婦女會間隔一段時間才懷孕，等到前一個孩子斷奶並可以外出活動之後，再生另一個孩子，然而伴隨農業而來的相對安穩生活解除了這項限制。

於是我們看到人口激增，而且持續爆炸性成長，一直到一九六〇年代都還看到持續上升的趨勢，此後增長率才開始下降。當保羅・艾理希寫《人口爆炸》一書時，地球上的人口剛好超過三十五億。由於地球上大部分適合農業的土地都已開墾，而人口卻仍在增長，因此艾理希和其他人擔心地球的承載力已接近極限，如果不加大力度減少人口增長，大範圍的飢荒很快會降臨[299]。因此，艾理希就像一個對農業前景一無所知的狩獵採集者，只能眼睜睜地看著人口無限制增長，並預言災難將會發生。然而，即使在那個時候，黑暗之中也存在著一絲救贖的曙光。「我認為，」他寫道：「目前最有可能減少未來飢荒規模的計畫，就是開發和推廣新的、具有高產量的糧食品種。」[300]他接著討論到各種稻米、玉米和小麥的新品種，其產量

---

297 Tallavaara, M., *et al.*, Productivity, biodiversity and pathogens influence the global hunter-gatherer population density, *Proceedings of the National Academy of Sciences of the United States of America* **115**, 1232-7, 2018。

298 Burger, J. R., and Fristoe, T. S., Hunter-gatherer populations inform modern ecology, *Proceedings of the National Academy of the United States of America* **115**, 1137-9, 2018。

299 當時，不只是艾理希不知道，而是根本沒有任何人知道人口成長率可能已經放緩。

300 Ehrlich, P., *The Population Bomb* (New York: Ballantine Books, 1968), pp. 105-6。

都遠超過當時所栽種的品種。這就是後來被稱為「綠色革命」的先驅[301]。

農業的綠色革命

綠色革命堪稱農業發明以來，在農業領域的一次最大創新，效果也是立竿見影。在過去的半個世紀裡，地球的承載力得到了提升，讓超過八十億人生活在地球上，而且整體生活——除了一些明顯的例外——比一九六〇年代更加富裕。

綠色革命的真相令人震驚。例如，從農業誕生以來，全球糧食產量花了一萬年的時間，到一九六〇年才達到十億噸；然而，到了二〇〇〇年，這個數字已翻了一倍，而且僅僅花了四十年，這一切都要歸功於綠色革命。許多低收入國家的人口在此期間也增加了一倍，農作物產量增幅甚至超過了一倍，達到了百分之一百二十五。在這個瘋狂的時期，稻米的產量猛增了九倍（從兩億噸增加到十八億噸）；玉米和小麥產量增加三倍（都是從兩億噸增加到六億噸）——但是耕地面積卻只增加了百分之三十。據估計，如果沒有綠色革命，開發中國家的糧食產量將下降五分之一，而且還需要更多的土地；世界糧食價格將上漲百分之六十五；隨著人口不斷增長，人均可獲得的原始熱量將下降百分之十三。

綠色革命是在一九五〇年代和六〇年代初從兩個地方開始的：一是位於菲律賓的國際稻米研究所（International Rice Research Institute，簡稱 IRRI），另一個則是在墨西哥的國際玉米小麥改良中心（International Maize and Wheat Improvement Center，簡稱 CIMMYT），並且適當地將重點放在這三個物種——稻米、玉米和小麥——因為三者加起來占了智人所消耗熱量的將近一半。

國際稻米研究所和國際玉米小麥改良中心採用的技術本身並不出色。這些機構的科學家使用傳統的植物育種技術——基本上就是農民自古以來使用的技術——對現有的穀物品種進行雜交，培育出產量更高、更能抵抗常見害蟲和疾病的雜交品種，並且適用於多種更具挑戰性的條件，例如洪水、乾旱或以前不適合農業的酸性或有毒土壤。不過因為他們採取了科學、理性的方法，因此相較於未接受過遺傳學和正規植物育種教育的傳統農民所採用的反覆試驗技術，他們的速度更快，成果也更佳。

在綠色革命之前，稻米和小麥植株往往又高又細，有許多下垂的葉子。施肥讓穀物長高，以至於超出了自身能夠支撐的力量而倒下來。解決方法是培育莖稈較粗壯的低矮植物，植株

301 Evenson, R. E., and Gollin, D., Assessing the impact of the Green Revolution, 1960 to 2000, *Science* **300**, 758-62, 2003; Pingali, P. L., Green Revolution: impacts, limits and the path ahead, *Proceedings of the National Academy of Sciences of the United States of America* **109**, 12302-8, 2012; Khush, G. S., Green Revolution, the way forward, *Nature Reviews Genetics* **2**, 815-22, 2001。

愈矮，每一單位產出的穀粒乾重就愈多，用於生長莖稈所需的能量就愈少，畢竟莖稈最終都只是浪費掉而已。新的品種葉子較少，但是顏色較深，而且是直立的，而不是下垂的，所以能夠盡其所能地吸收滋養的陽光。新的改良穀物可以種植得更緊密，而且生長得更快。稻農現在一年可以收穫兩季作物。種植小麥的農民也發現，新品種的耗水量更少，而且比雜草生長得更快，從而降低了使用除草劑的成本。

儘管綠色革命的成功無庸置疑，但是其影響卻不平均。到了一九九八年，在亞洲種植新品種的農地比例已達到百分之八十二，而在撒哈拉以南的非洲採用率卻低得多——只有百分之二十七——儘管此數字後來有所改善。這有一部分是因為非洲農民偏好的作物，如小米、高粱和木薯等，利潤都比較少，至少一開始是如此。另外，即便在亞洲，相較於依賴降雨的邊緣地區，綠色革命的影響在高度灌溉的地區才比較顯著，造成了不公平現象擴大。整體而言，男性農民比女性農民更能感受到綠色革命的好處，因為女性農民的需求往往被漠視。儘管以全球人口來說，在綠色革命後的飢餓人口比例有所減少，但是飲食品質卻未必改善，特別是對於窮人而言。而過於專注在種植主食，也讓傳統作物受到忽視，例如豆類、豆科等能夠提供必需營養成分並增加飲食多樣性的植物。改良後的稻米品種密集種植，導致水稻田裡其他有益產物減少，如蔬菜和魚類等。

綠色革命也對環境造成了影響。從好處看，密集農業減少了開墾更多土地的需要，甚至讓一些品質較低的農地重新轉用於其他用途，如林業；但是在此同時，密集使用農地也導致了土壤侵蝕、汙染和過度使用日益匱乏的水資源。

誠然，綠色革命避免了艾理希等人預見的危機，但是從某種程度上來說，卻淪為自身成功的犧牲品。世界人口持續增加，同時又習慣了較高的生活水準，給人類賴以維生的少數幾種作物帶來了更大壓力。難道我們繞了一圈又回到了原點嗎？全球人口超過八十億，顯然已經到了地球承載力的極限，就如同保羅・艾理希在一九六八年看到的情況一樣，只是當時地球上的人口總數還不及這個數字的一半呢。

「地球限度」已超過！

有關地球目前承載力的評估，取決於你設定的基本規則，而且會牽一髮而動全身[302]。例如，一六七九年，荷蘭顯微鏡學先驅安東尼・范・雷文霍克（Antonie van Leeuwenhoek）以當時荷蘭人口密度為基準估計，假設全球都是這個密度，則地球可以養活一百三十四億人口。而

302 Cohen, J. E., How many people can the Earth support? *The Sciences* **35**(5), 2-49, 1995。

你估算出來的數字則取決於多種因素，例如生活品質。顯然，如果只是勉強維持溫飽而不是過著富足的日子，那麼地球可以養活的人多得多了。生態學家喬爾．科恩（Joel E. Cohen）在一篇頗具影響力的文章中寫道：「地球養活人類的能力，部分取決於社會科學和自然科學尚未理解的過程，部分取決於我們和我們的後代尚未做出的選擇。」[303]

另一種間接評估地球承載力的方法，則是定義人類活動的極限，如果超越這些極限，地球將變得不再適合居住。這是斯德哥爾摩大學的約翰．洛克斯特羅姆（Johan Rockström）及其同僚在二〇〇九年的一篇論文中所採用的方法[304]。研究人員界定了人類干預地球系統九項運作過程的上限或「地球限度」（planetary boundaries），包括氣候變遷、物種滅絕速度、氮循環中斷、海洋酸化、全球淡水使用等等。其中一些限制是任意設定的，但是研究人員表示，人類活動正對系統的許多運作過程造成嚴重壓力，並指出了三個已經超出限度的領域——氣候變遷（大氣中的二氧化碳含量）、物種滅絕速度，以及從大氣中移除人類用於化肥等化學品的氮含量[305]。正如我在前幾章中所述，氣候變遷的影響（舉例來說）因地而異，並且往往會對那些沒有政治力量或經濟手段來減緩影響的人產生不成比例的影響。因此，地球限度就有了一個更嚴格的解讀，納入所謂的「氣候正義」元素，如此一來，我們現在幾乎已經超越了所有的地球限度[306]。就人類活動對地球正常運作造成的破壞而言，地球似乎再次達到了承載力的上限。

生態系統服務的價值

從某些方面來說，我們仍然過著像狩獵採集群體一樣的生活。我們對賴以生存的資源漫不經心，認為是地球免費賜予的，或者至少是說我們不需要花費更多的成本去狩獵或採集這些資源，其中包括取得淡水和清潔空氣、種植農作物的土壤，以及使農作物受精的授粉昆蟲，如蜜蜂等。然而，智人現在主宰地球的生態系統或者稱之為「自然資本」的程度太深，以至於許多所謂的生態系統服務已經遭到人類活動破壞。因此，就有個問題值得深思：一旦這些服務消失，我們需要支付多少錢來取代它們呢？這是馬里蘭大學的羅伯特．科斯坦薩（Robert

303 同上，p. 19。

304 Rockström, J., *et al.*, A safe operating space for humanity, *Nature* **461**, 472-5, 2009。後來，研究人員在二〇一五年改進並更新了他們的分析（Steffen, W., *et al.*, Planetary boundaries: guiding human development on a changing planet, *Science* **347**, 1259855, 2015）。

305 大氣組成中有幾乎五分之四都是氮氣，氮氣通常不會與任何東西產生反應，然而卻可以透過兩種方式轉化為可供生物使用的形式：第一是儲存在豌豆、豆子等豆科植物的根部；其次是透過一種名為哈伯法（Haber-Bosch Process）的工業程序，讓空氣中的氮與氫產生反應而生成氨。

306 Rockström, J., *et al.*, Safe and just Earth system boundaries, *Nature* **619**, 102–11, 2023, https://doi.org/10.1038/s41586-023-06083-8。

Costanza）及其同僚的任務，他們在一九九七年的《自然》期刊上發表論文[307]。「雖然可以想像在人造的『太空殖民地』裡沒有自然資本和生態系統服務也能創造人類福祉，」他們寫道：

> 但是這種可能性太小，目前不太可能引起人們的興趣。事實上，思考生態系統服務價值的另一種方法，就是確定在完全以人工技術生產的生物圈中複製這些服務需要花費多少錢。載人太空任務和亞利桑那州生物圈二號[308]計畫的經驗顯示，這是一個極其複雜且昂貴的提案。生物圈一號（即地球）為人類提供的生命支持服務非常有效率而且成本最低。

科斯坦薩及其同僚計算出地球每年提供價值約十六兆至五十四兆美元的生態系統服務——平均是三十三兆美元——但是基本上卻一毛不取。具體來說，這個數字大約是全球國民生產毛額的兩倍（以一九九四年的數值計算）。二十年後，科斯坦薩及其同僚在評論這篇論文時承認[309]，他們原本的論文只是一項為了提高意識的練習，而事實證明這樣的練習是有效的，並激發了辯論：

> 這個結果的規模〔三十三兆美元〕讓一些人感到震驚。有些人感到訝異是因

為他們認為低估了這個數值（其中一人說是「低估了無限大」），其他人則認為高估了（怎麼可能比全世界的國內生產毛額還要大呢？），還有一些人認為估價本身就是一件褻瀆和粗俗的事情（怎麼能給自然定價呢？）。然而，大多數人理解我們做出這個原本就只是粗略估計的目的：證明生態系統服務對人類福祉的重要性遠遠超出傳統經濟思維所認可的價值。

重點是：當智人總數只有區區幾百萬人時，地球提供的資源其實是取之不盡、用之不竭的，當然可以視為稀鬆平常、理所當然；如今，全球人口已達數十億，並且已經逼近甚或超越了地球的承載力，顯然，今非昔比。由於人類活動對地球正常運作的影響是顯而易見、可衡量且有害的，因此採用這種方式讓制定政策的人和經濟學家能夠理解，並追究這些活動的責任，是有意義且必要的。

---

307 Costanza, R., *et al.*, The value of the world's ecosystem services and natural capital, *Nature* **387**, 253-60, 1997。

308 生物圈二號是一個環境研究設施，目前由亞利桑那大學管理。最初的設想是一個密封的、自給自足的生物圈，旨在測試太空殖民環境中生命可以自給自足的想法。人類在生物圈二號內生活的時間長短不一，但是我必須指出，他們成功的程度也參差不齊。我將在最後一章進一步討論生物圈二號。https://biosphere2.org/about/about-biosphere-2。

309 Costanza, R., *et al.*, Twenty years of ecosystem services: how far have we come and how far do we still need to go? *Ecosystem Services* **28**, 1-16, 2017。

當綠色革命的影響達到極限時，人口成長率就開始下降，這或許並非巧合。從人類為了維持生存所需而侵蝕地球自然資本的角度來看，有可能是當人口達到某個上限時，農業改良的成本超過了收益。我們也有可能開發出新的糧食生產技術來提高這個上限[310]，就像一萬年前的農業以及從一九五〇、六〇年代以來的綠色革命一樣，但是其結果可能是人口進一步增加，直到逼近或超出該技術的極限。我們不要忘記，地球表面的面積是有限的。沒有任何技術可以讓智人的數量無限制地增加。

即將到來的人口銳減可能反而拯救了地球，而諷刺的是，綠色革命也正是人口減少的推手。由於綠色革命，世界上許多最貧困人口的生活水準提高了，這讓許多人能夠去做以前沒有做過的事情——接受教育。有確鑿的證據顯示，接受教育會延長預期壽命、縮小家庭規模，並降低人口成長速度[311]。好消息是，過去幾十年來，全球接受教育的機會增加了[312]。誠如前文提到的，一九七〇年，在二十多歲將近三十歲的人口之中，只有一半的人接受過六年學校教育，也就是完成了小學教育；到了二〇一八年，這個比例已上升至五分之四，預計到了二〇三〇年將達到十分之九。至於接受中學教育的機會則比較參差不齊。一九七〇年，在世界上教育程度較高的地區，二十多歲將近三十歲的人口之中大約有一半完成了十二年的學業，然而在世界許多地方，此一比例僅有十分之一甚或不及。此後，該比例雖有上升，但是情況並不均衡。

女性參與地球承載力關鍵時刻

與男性相比，教育對女性造成的影響可能更不成比例。畢竟，男性學童接受教育的機會向來比女性學童高。話雖如此，近年來女童接受教育的機會已有明顯改善。到了二〇一八年，接受教育的女童數量幾乎與男童一樣多，儘管在非洲和中東地區仍存在極大的不平等。一九七〇年，有一百四十二個國家中的男性平均教育程度高於女性，可是這個差距正在縮小：二〇一八年只有二十七個國家，到了二〇三〇年更將只剩下四個國家。屆時，預計有十八個國家的女性平均受教育年數將超過男性。這代表著「一九七〇年所見的全球情況出現了巨大

310 我將在下一章討論到一些這樣的技術。

311 Abel, G. J., *et al.*, Meeting the Sustainable Development Goals leads to lower world population growth, *Proceedings of the National Academy of Sciences of the United States of America* **113**, 14294-9, 2016。

312 Friedman, J., *et al.*, Measuring and forecasting progress towards the education-related SDG targets, *Nature* **580**, 636-9, 2020; Grant, M., Monitoring global education inequality, *Nature* **580**, 591-2, 2020。

逆轉」[313]。

女性接受教育的結果是激發她們的雄心，並增加她們的選擇。如果說，大多數國家的總生育率剛好在地球達到其承載力極限時大幅下降並非巧合的話——或許有一部分是綠色革命的結果——那麼我們生活在女性受教育年限和受教育程度即將超過男性的歷史時刻，也可能不是巧合。

我們等這一天，已經等了很久了。在整個人類歷史中，女性幾乎沒有任何形式的自主權。她們的功能始終都是繁衍後代，一到生育年齡，她們就開始生孩子，而且一直生到她們在生育過程中死亡或進入更年期——看哪一個先到。節育手段往往是祕密的、令人感到羞恥的、非法的、危險的，甚或是以上幾種情況的綜合。直到二十世紀中葉，口服避孕藥問世，才出現了轉捩點[314]。避孕的重要性無需贅言，在某種程度上，許多關於世界人口的預測都會依是否提供避孕藥給想要或需要避孕的婦女而異。

縱觀整個人類歷史，避孕措施和女性接受教育的機會，都跟女性獲得選舉權以及政治與就業權力同時發生。從某種程度上來說，這一切或許都是綠色革命帶來的好處。提高糧食安全，意味著可以挪出時間和資源去做種植糧食以外的事情，例如上學。賦予女性教育和選舉權，將在一定程度上造成未來人類人口下降。人口減少的過程會很痛苦，有時甚至很危險，不過我們還是可以用更文明和人道的方式來管理這個過程，這都要歸功於女性的參與。

313 Friedman, J., *et al.*, Measuring and forecasting progress towards the education-related SDG targets, *Nature* **580**, 636-9, 2020。

314 Liao, P. V., and Dollin, J., Half a century of the oral contraceptive pill, *Canadian Family Physician* **58**, e757-60, 2012。

11 展開新「葉」
Turning Over a New Leaf

在十個世紀的革命中，沒有任何一項發現能夠提高人類的尊嚴或促進人類的幸福，也未曾為古代的思辨體系增添任何一個思想，只有一批又一批耐心的門徒成為下一個奴役世代的教條老師。

——愛德華·吉朋，《羅馬帝國衰亡史》

在某種程度上，多虧了有綠色革命，才讓人口負擔再一次達到了地球承載力足以支持的極限。儘管人口將在二十一世紀後半葉開始下降，可是在未來幾十年間可望持續增加。

正如我在前文所討論的，綠色革命導致二十世紀下半葉的農作物產量大幅增加。然而，幾十年過去了，人口數量已是當時的兩倍多，綠色革命的影響也開始消退。例如，從一九八七年至一九九七年間，中國的稻米產量從每公頃五·四噸增加到六·四噸，可是在接下來的十年裡，也就是到了二〇〇七年，卻沒有顯著增加。從更廣泛的角度來看稻米產量，中國、印度和印尼——世界上最大的三個稻米生產國——在一九七〇年至一九八〇年間，每公頃產量增加了百分之三十六，但是在二〇〇〇年至二〇一〇年間僅增加了百分之七。二〇〇八年，全球小麥庫存量降至三十年來的最低水準。

其中有部分原因在於傳統的植物育種已經提高現有植物的產量到了最大限度，再也不可能培育出更大、更有營養的小麥或稻米，或者是更大的玉米穗。

顯然，綠色革命已經後繼無力。我們是否需要一場新的綠色革命？——有人稱之為綠色革命 2.0——如果需要的話，要如何實現呢？

綠色革命 2.0：提高光合作用效率

既然智人——不過是數百萬物種中的一個——占用了地球上大部分的光合作用產物[315]，而且農業在過去幾千年裡推動了人口的大規模增長，智人又只依靠有限的農作物來繼續維持健康與糧食安全，因此值得我們花一點時間來探索植物的內部運作。

315 Krausmann, F., *et al.*, Global human appropriation of net primary production doubled in the 20th century, *Proceedings of the National Academy of Sciences of the United States of America* **110**, 10324-9, 2013。

我將在本章深入審視光合作用這個神奇的過程，探討綠色植物如何將水、二氧化碳和陽光轉化為食物，並釋放出氧氣作為廢棄物。無論如何，我們吃的食物幾乎全都是植物生產的，無論是直接食用植物，或是吃那些以植物為食材的動物（還有牠們的產品，如牛奶和雞蛋）。植物也創造我們呼吸的空氣。還不只如此，智人所消耗的能源大部分來自化石燃料，而化石燃料也是光合作用的產物，只不過是發生在遠古時代。我認為，掌握光合作用對於智人的未來（如果還有未來的話）至關重要，這種說法並非誇大其詞。

也許下一步就是深入研究光合作用本身，看看其中有哪些部分可以透過人類的直接干預而得到改善，從而開發出新的植物品種，產量甚至高過那些透過精心培育改良的傳統品種[316]。在這個過程中，我們可能學到很多關於光合作用的知識，進而直接利用太陽能將二氧化碳轉為完全由人工製造的食物，無需植物的參與。如果能夠實現這一點，就有可能使用更少的農地來生產糧食。目前正在探索的解決方案是在不尋常的地方進行耕作，例如城市樓房的屋頂和牆壁，或垂直堆疊的水耕（即無土）系統。如果可以人工製造食物，就根本不需要使用農地。如此一來，不僅可以實現糧食安全，還可以釋放地球上的土地用於其他用途，如林業、可持續發展的人類居所或放任回歸荒野。數千年來，農業一直與土地利用息息相關。一旦打破了地球上的這層關係，就有可能在太空中永續生產糧食。

植物轉化光能效率低

陽光是自然界最豐富的即時可用能源。我們的地球從太陽接收了大約十二萬兆瓦（TW）的能量，儘管這些能量分布得很稀疏——大約是平均每年每平方公尺有一百七十瓦。舉例來說，人類目前每年消耗的能源約為十五兆瓦，只占能源總量很小部分[317]。每年，光合作用將約兩千億噸的二氧化碳轉化為食物，並向大氣輸入約一千四百億噸的氧氣[318]。

只需將水和二氧化碳混合，加上一些陽光，然後就可以看到豐富的食物和重要的氧氣

316 有關可能改良光合作用的討論資料出自 Zhu, X.-G., *et al.*, Improving photosynthetic efficiency for greater yield, *Annual Reviews of Plant Biology* **61**, 235-61, 2010; Blankenship, R. E., *et al.*, Comparing photosynthetic and photovoltaic efficiencies and recognizing potential for improvement, *Science* **332**, 805-9, 2011; Ort, D. R., *et al.*, Redesigning photosynthesis to sustainably meet global food and bioenergy demand, *Proceedings of the National Academy of Sciences of the United States of America* **112**, 8529-36, 2015; Long, S. P., *et al.*, Meeting the global food demand of the future by engineering crop photosynthesis and yield potential, *Cell* **161**, 56-66, 2015; Betti, M., *et al.*, Manipulating photorespiration to increase plant productivity: recent advances and perspectives for crop improvement, *Journal of Experimental Botany* **67**, 2977-88, 2016; Sharwood, R. E., Engineering chloroplasts to improve Rubisco catalysis: prospects for translating improvements into food and fiber crops, *New Phytologist* **213**, 494-510, 2017; Bailey-Serres, J., *et al.*, Genetic strategies for improving crop yields, *Nature* **575**, 109-18, 2019; Kolbert, E., Creating a better leaf, *The New Yorker*, 13 December 2021。

317 數據出自 Blankenship, R. E., *et al.*, Comparing photosynthetic and photovoltaic efficiencies and recognizing potential for improvement, *Science* **332**, 805-9, 2011。

318 有關光合作用的入門介紹，請參閱 Johnson, M. P., Photosynthesis, *Essays in Biochemistry* **60**, 255-73, 2016。

出現，雖然聽起來很簡單，但是光合作用實際上是一個極其複雜的過程，使其效率變得極低——在植物所收穫的能量中只有大約百分之一能夠轉化為食物[319]。造成這種情況的原因在於演化，因為演化不需要達到最高效率，只要足以使任何一代植物或動物都能繁殖並產生下一代即可。在演化的過程中，光合作用的各種缺陷已經透過各種拼拼湊湊、修修補補，逐一修正了，有些拼湊修補甚至造成了新的問題。演化本來就是一個不斷修補現有事物的過程，而不是從頭開始設計出新的東西。

光合作用的演化

光合作用從地球歷史的早期就開始了，可能早在三十八億年前，當時的細菌演化出一種方法，利用化學反應產生的能量，從環境中吸收碳來製造出一種碳水化合物的形式，成為自己的食物。後來，一些細菌開始演化出能夠捕捉陽光的色素，並利用陽光作為能量的來源，驅動相同的過程[320]。「光合作用」一詞就是「利用光來創造」的意思。

儘管光合作用在細菌中演化了多達六次，不過就人類而言，最重要的是一種被稱為藍綠菌（cyanobacteria）的生物[321]，原因有二。首先，藍綠菌演化出來的光合作用是現今所有綠色植物（包括我們的主要農作物）所使用的光合作用方式，堪稱是始祖；其次則是因為藍綠菌的光合作用會產生一種獨特的副產品——氧分子，即O_2。我們呼吸的所有氧氣均來自數十億年前藍綠菌創始的光合作用。很久很久以前，藍綠菌曾經主宰過地球，統治時間超過三十億年，可以說是地球有史以來最成功的生命形式，如今它們依然數量眾多。絲狀和片狀的藍綠菌形成了池塘裡藍綠色的浮渣，而它們的顏色就來自用來捕捉陽光、驅動光合作用的色素。

在距今大約十五億至二十億年前，由各種不同細菌——包括藍綠菌在內——集合起來，形成更複雜的生命形式。這些集合而成的生命形式就是所謂的真核生物（eukaryote），由比單一細菌大得多的細胞組成。你今天看到的所有生物——包括所有的動物和植物，還有你自己——都是真核生物，都是這個原始共生體的後代[322]。藍綠菌加入細菌群體，最後變身為葉綠

---

319 計算效率是一個相當複雜的過程，完全取決於你的定義。百分之一是將一定數量的生物量每年從太陽獲取的能量，拿來對比在某些標準條件下將該生物量（葡萄糖）中的光合作用產物燃燒為二氧化碳和水所需的熱量，由此所得到的數字。生長季節測得的效率更高，最高可達約百分之四．三，但此一數值仍遠低於理論上的最大值——百分之十二。以上數據均出自 Blankenship, R. E., *et al.*, Comparing photosynthetic and photovoltaic efficiencies and recognizing potential for improvement, *Science* **332**, 805-9, 2011。

320 Blankenship, R. E., Early evolution of photosynthesis, *Plant Physiology* **154**, 434-8, 2010。

321 你可能在舊文獻中看到有人將它們稱為「藍綠藻」（blue-green algae）。然而，它們是細菌，結構比藻類簡單得多。

322 還有許多微型的真核生物。這些生物包括我們熟悉的池塘生物，如變形蟲和草履蟲（又稱「拖鞋動物」），以及我們不太熟悉（但是很重要）的海洋生物，如渦鞭毛藻（dinoflagellates）和矽藻（diatoms），以及一些惡名昭彰的致病生物，

體，這些小小的亮綠色物體，就是植物細胞內進行光合作用的地方。

光系統、捕光複合體與 RuBisCo 的協作

綠色植物光合作用的核心是將水分子（H_2O）分解成分氧（O）和氫（H）的化學反應，這是一項極為艱鉅的任務。事實上，這個技巧太困難了，因此只演化過一次，主要是由一種稱為光系統II（Photosystem II）的酶負責執行。酶是一種生物催化劑，也就是說，它們促進了那些本身不會發生的化學反應，或者是即使發生了，其頻率和效率也會大大降低。而分解水就是其中一種。

嚴格說起來，光系統II並不會將水分解為氫和氧。實際的情況是：四個水分子重新排列，形成兩個氧分子（O_2）以及四個質子和四個電子。質子和電子是次原子粒子。簡單的說，質子就是氫原子在除掉電子後的原子核。由化學反應釋放出來的電子和質子以極複雜的魯布·戈德堡式[323]的排列方式，驅動一系列其他化學反應，產生能量累積的結果。

光系統II本身就是一個超級複雜的分子機制，經過數十億年的演化才形成現在的樣子。即便如此，它也無法獨自完成這項任務，還得依賴另一個巨型的分子機械參與，也就是光系

統I。奇怪的是，幾乎所有會行光合作用的細菌都有光系統I或光系統II，卻不會二者兼具。唯一的例外就是藍綠菌，又因為藍綠菌是綠色植物葉綠體的始祖，所以我們今天看到的光合作用都需要兩個——而非一個——巨大的分子複合體。

但是稍等一下，事情還沒有那麼簡單。光系統與一個更複雜的分子機械陣列密切協作，稱之為捕光複合體（LHC），其中包括色素，例如可以從陽光捕捉能量的葉綠素（也就是植物呈現綠色的原因）。葉綠素本身也是一個複雜的分子，卻不是唯一會行光合作用的色素，另外還有很多不同的種類，而且這些捕光複合體似乎在各種會行光合作用的生物體內獨立演化了很多次。

光系統和捕光複合體累積的能量為下一步提供燃料：捕捉二氧化碳。這是透過另一種大型、複雜的酶催化劑完成的，這種酶稱為二磷酸核酮糖羧化酶（ribulose bisphosphate carboxylase，簡稱 RuBisCo）。RuBisCo 將二氧化碳添加到一種稱為二磷酸核酮糖的糖中，引發另一串長鏈化學反應，結果就是產生更多的糖、脂肪和蛋白質——也就是植物（和我們）的構成物質。

如瘧疾寄生蟲。

323 編註：關於「魯布・戈德堡式」的譬喻請參見註釋66。

RuBisCo 的催化限制

講了這麼多關於劇中人物的事，現在來談談戲劇本身吧。

RuBisCo 跟所有的酶一樣，都是一種蛋白質，並且可能是自然界最豐富的蛋白質，因為儘管它在自然界中占有舉足輕重的地位，但是任何單一的 RuBisCo 分子在捕捉二氧化碳方面的表現都非常糟糕，因此必須有大量的 RuBisCo 分子來彌補這個缺陷。像綠葉中有多達一半的蛋白質是由 RuBisCo 組成的[324]。

除了在捕捉二氧化碳方面的表現較差之外，RuBisCo 也很容易受到干擾。它並不像預期的那樣吸收二氧化碳，反而是讓二磷酸核酮糖與周圍的氧產生反應，這個過程稱為「光呼吸」。正因為如此，植物採用了一系列化學的變通方式（就像我之前提到那些拼拼湊湊、修修補補）來盡量減少光呼吸，而它們的做法就是讓 RuBisCo 浸泡在二氧化碳中，使其遠離氧。這種變通方法浪費了本來可以用於其他更有用工作的能量，植物辛辛苦苦收集光所儲存的能量中，約有百分之三十因光呼吸以及植物用來阻止光呼吸的機制而消耗殆盡。這一切都是因為 RuBisCo 的表現太差勁了。

更糟糕的是：當氣溫變高、水資源稀缺時，RuBisCo 就會更加地錯愛氧而非二氧化碳。隨著氣候變遷的持續，這種情況出現的頻率可能也會增加。

光呼吸的重要性毋庸贅述。具體來說，僅此一過程每年就讓美國玉米帶損失超過三百兆卡路里的熱量；只要減少百分之五的光呼吸，就能帶來超過五億美元的額外收益。那我們是否可能重新改造 RuBisCo，使其專注在二氧化碳身上而忽略氧呢？

既然我們談到了這個問題，可以順便想一下：光合作用機制的其他部分是否可以藉由人類直接干預而變得更有效率呢？

透過基因工程強化光合作用

自綠色革命以降，已經過了半個世紀，但是科學並未停滯不前。在一九六〇年代，科學家對於光合作用的工作原理知之甚少，更不用說如何進行改造了。如今，我們對這個過程、乃至於更細微的細節，都有更多的了解。因此，現在可以在電腦上重建光合作用的過程，輕鬆地找出系統中的瓶頸，以及自然光合作用中可以微調使其更有效率的各個部分。這種改善要歸功於另一項發展，即基因工程。將來自不同生物的基因引入農作物——或是以人工操縱

324 這裡是以菠菜為例，不過其他綠色植物的情況也類似。

已經存在的基因——可能用於強化光合作用。

其中一個例子牽涉到光合作用機制使用的眾多酶的其中一種，稱為景天庚酮糖-1,7-二磷酸酶（sedoheptulose-1,7- bisphosphatase，或簡稱 SBPase）。光合作用的電腦模型預測，透過基因工程增加植物中 SBPase 的數量，再加上一些其他調整，就可以提高光合作用的效率達百分之六十。將此預測應用於菸草實驗作物時，取得了正面的成果[325]。當然，其中也有問題。例如，透過基因工程減少甚至略過光呼吸的解決方案有望實現，不過令人擔心的是，可能會產生意想不到的後果——光呼吸的化學反應聯結著植物體內其他可能對其健康至關重要的過程。

光的吸收則是另一個問題。光合作用是在數十億年前演化出來的，當時的太陽還沒有今天這麼明亮；此外，光合作用是在水下演化的，這意味著像葉綠素等會行光合作用的色素，必須在相對微弱的光線中才能發揮最佳作用。在熱帶地區日正當中的明亮光線下，捕光複合體接收的光超出了它們能夠處理的範圍，多半會將多餘的光以熱量的形式散發出去，或是引起損害植物的化學副反應。此外，還有一個因素是葉綠素只吸收電磁波譜中的可見光，對紫外線和紅外線範圍內的光並不敏感。話雖如此，葉綠素也不會吸收所有的可見光——比方說，它不會吸收綠光，反而將綠光反射出來，這就是我們看到植物是綠色的原因。我們有可能設計出對更明亮光線產生反應的新型色素，也可能比現在更有效地利用電磁波譜上的所有光線。

第三個問題是：植物有兩個光系統而不是只有一個，這是演化過程中偶然出現的結果。儘管兩個系統都是必要的，但是它們彼此之間有合作也有競爭，各自試圖從捕光複合體獲得相同的光子。也許我們可以用細菌身上的類似系統來取代光系統Ｉ，這將產生一種不同形式的葉綠素，其對光波長範圍的反應與我們熟悉的那種葉綠素略有不同，讓植物能夠更有效地利用更多的光。

然而，最主要的問題肯定還是 RuBisCo 的表現不佳，它是地球上最重要卻同時也是效率最低的酶。不同植物體內的 RuBisCo 形式也略有不同，不過事實證明，那些善於尋找二氧化碳和避開氧的 RuBisCo 工作速度甚至比一般 RuBisCo 近乎遲鈍的速度還要更慢，比自然界中已知的任何其他酶都還要更懶惰。

原來，現代形式的 RuBisCo 已針對工業化前大氣中的二氧化碳濃度進行了優化。電腦模擬顯示，如果能夠設計出一種能在當今這種較高二氧化碳濃度下發揮作用的 RuBisCo，那麼使用相同數量的酶，碳吸收量將增加百分之三十。一種可能性就是在燃燒化石燃料的發電廠所產生的煙霧裡種植植物，這些氣體通常含有約百分之十的二氧化碳，遠高於大氣中的二氧化碳含量（約百分之〇・〇四）。如此高的二氧化碳濃度會讓 RuBisCo 忙不過來，無法分心

325 儘管菸草不算是主要作物，但是事實證明，相較於稻米、玉米或小麥，菸草植物比較容易透過基因工程進行操縱。

去注意氧，藉此消除光呼吸。這也是一個聰明的策略，可以在發電廠排放的二氧化碳進入大氣之前將其回收。

C4 植物降低光呼吸

有些植物已經演化出解決 RuBisCo 部分問題的方法。它們透過其他方式吸收二氧化碳，然後將其運送到專門關押 RuBisCo 的細胞中，釋放出高濃度的二氧化碳供它們發揮作用。這些所謂的 C4（四碳）植物包括許多熱帶草類和一些糧食作物，如：玉米、甘蔗和高粱等。誠然，為了讓 RuBisCo 發揮更大的作用，並不惜一切代價避免光呼吸，C4 策略已經單獨演化了六十幾次。湊巧的是，C4 植物的光合作用速率比其他所謂的 C3（三碳）植物更高。目前人類正在努力將稻米（一種 C3 植物）轉化為 C4 植物——不過這並非易事。別的姑且不說，C4 植物具有特殊的解剖結構以及許多 C3 植物沒有的基因。

無論如何，重新改造 RuBisCo 本身的嘗試似乎都遇到了障礙。或許這應該在意料之中，如果有可能創造出更有效率的 RuBisCo 版本，植物應該早就演化出來了。如果 C4 植物能夠透過精心設計將二氧化碳集中在 RuBisCo 周圍——消除氧的誘惑——來解決這個問題，並且已經在許多不同場合做到了這一點，那麼這應該足以說明重新改造 RuBisCo 本身永遠都不可能成功。

但是，如果植物的光合作用是用了將近四十億年的時間拼拼湊湊、修修補補的結果，那麼我們忍不住要問：透過基因工程添加更多的拼拼湊湊、修修補補，會使植物在實質上更有效率，還是只會產生更多的問題？相反的，也可能有人會問，是否會有更簡單的方法，將陽光轉化為食物，從而避免（比方說）改造新形式的 RuBisCo，或是將稻米轉化為 C4 植物，或提出任何其他增強光合作用的方案——所有這些方案都困難重重，其中許多難關似乎是無法克服的。也就是說，要去找到一種全人工的方法，將陽光轉化為食物，完全不涉及植物。

研發人工光合作用

首先，將陽光轉化為電子的技術已經很成熟。這是光電池的基礎，現在任何一個城市景觀中大家都熟悉的太陽能板所使用的就是光電池。下一步是利用太陽能將二氧化碳轉化為更複雜的碳化合物——也就是食物的基礎。

人工光合作用的研究是個蓬勃發展的領域，並且有很多不同的方法可以解決這個問題。有些研究人員希望利用太陽能和豐富的二氧化碳來製造原本需要由化石燃料製成的工業化學品[326]，其他系統則結合水分解催化劑來產生氫分子（H_2），而氫分子本身就是一種有用的燃料。有些細菌使用氫作為能量來源，以此為動力將二氧化碳轉化為有用的化學物質[327]。另一種方法是使用工業催化劑將二氧化碳轉化為簡單的化學物質，再使用這些化學物質作為原料，讓來自各種微生物的一組訂製酶將其轉化為澱粉——一種主要的碳水化合物——其效率是玉米的八倍多，而且完全在實驗室中進行，看不到任何植物[328]。

最令人眼睛為之一亮的進展，是使用光電池驅動兩階段的催化過程[329]，將二氧化碳轉化為醋酸鹽（即乙酸，醋的基礎），可以作為藻類、酵母或其他真菌，乃至於植物組織的原料，這些原料可以在完全黑暗的條件下培養，並製成供人類食用的食物[330]。研究人員表示，這個過程的效率是自然光合作用的四倍，適合在地球狹小的空間內栽培大量的生物量（因此減少農業用地的壓力）。而對本書接下來的內容來說，最重要的是這種方法非常適合在太空船內種植食物，因為太空船內必須消除太空人呼出來的二氧化碳，而且不分晝夜都有全光譜的陽光照射。

上述這些策略——改造植物以更有效率的方式利用光合作用，或創造一種完全不需要植物的光合作用——可能還需要經過多年的開發才能大規模應用，才足以對後綠色革命的糧食安全產生影響，幫助智人度過人口高峰期，進入下一個世紀。

另外一個則是監管的問題。四十年來，人類已經能夠對植物進行基因改造，經過基因工程改造出比較能夠抵抗除草劑和害蟲的作物，例如大豆、棉花、玉米和油菜籽（油菜）等，如今在許多國家都已慣常種植。目前，人類正在培育能夠抵禦洪水、乾旱和大氣中二氧化碳濃度上升等氣候變遷影響的農作物。然而，有些國家仍然抵制引進基因改作物，而且無論如何，

---

326 相關例證詳見 Haas, T., *et al.*, Technical photosynthesis involving CO_2 electrolysis and fermentation, *Nature Catalysis* **1**, 32-9, 2018。

327 相關例證詳見 Liu, C., *et al.*, Water splitting-biosynthetic system with CO_2 reduction efficiencies exceeding photosynthesis, *Science* **352**, 1210-3, 2016。

328 Cai, T., *et al.*, Cell-free chemoenzymatic starch synthesis from carbon dioxide, *Science* **373**, 1523-7, 2021。

329 Romero Cuellar, N. S., *et al.*, Two-step electrochemical reduction of CO_2 towards multi-carbon products at high current densities, *Journal of CO2 Utilization* **36**, 263-75, 2020。

330 Hann, E. C., *et al.*, A hybrid inorganic-biological artificial photosynthesis system for energy-efficient food production, *Nature Food* **3**, 461-71, 2022; Wang, T. and Gong, J., Artificial photosynthesis of food from CO_2, *Nature Food* **3**, 409-10, 2022。

將此類作物推向市場都有可能面臨監管的困境。

即時策略：消除食物浪費、摒棄動物產品飲食

然而，有一個解決方案可以立即應用，而且根本不需要複雜的科學。這個方法就是消除在到達消費者手中之前浪費或變質的大量食物，還有就是在飲食中摒棄所有的動物產品。

在全世界，由於供應鏈中的漏洞和食物腐敗，幾乎有三分之一的食物在從農家到餐桌的過程中浪費掉了。但是，跟乳製品、雞蛋等動物產品的消費相比，這些損失顯得微不足道。這是因為生產可食用的動物性蛋白質所需的農地面積，是生產同樣質量的植物性蛋白質的十倍。如我們所見，光合作用本來就是一個低效率的過程，而當光合作用的產物——農作物——被用來餵養動物，再用動物來餵養人類時，這個效率就更低了。

就蛋白質的損失而言，牛肉無疑是最昂貴的肉類。加上在供應鏈中的損失，種植一百克植物蛋白所需的土地面積，只能生產出四克可食用的牛肉。最近的一項研究估計，如果所有美國人都轉向營養價值與肉類相當的植物性飲食，那麼節省的土地就足以多養活三億五千萬個美國人[331]。對於那些主要以吃植物為主、很少吃肉的社會來說，這個數字會少很多。所幸，

目前正在進行大量研究，尋找其他的可食用蛋白質來源，不再以田間牛羊放牧為主。現在，人類可以在實驗室中透過培養細胞來培育肉類，而且可以透過用真菌、藻類、細菌甚至昆蟲來培養蛋白質代替肉類，獲得類似肉類的風味。每種策略都有其優勢，目前也還不清楚哪種策略能夠以低於目前肉類的成本（或是不那麼昂貴）進行大規模生產[332]——不過從真菌中提取蛋白質的方式可能跑在前面。

可是，擺在眼前的教訓再明顯不過了：有一條簡單途徑可以引導人類進入安全的後綠色革命未來，並進入太空，那就是讓智人擺脫食用活體肉類的肉食習慣，這種飲食習慣幾乎在整個人類演化歷史中都扮演了重要角色。這事說起來很簡單，做起來卻不容易。改變消費者的選擇需要時間和精力[333]。然而，若是因為未能促進糧食生產升級到綠色革命 2.0 而威脅到糧食安全，人類可能會發現自己別無其他選擇了。

---

331 Shepon, A., *et al.*, The opportunity cost of animal based diets exceeds all food losses, *Proceedings of the National Academy of Sciences of the United States of America* **115**, 3804-9, 2018。

332 Jones, N., The new proteins coming to your plate, *Nature* **619**, 26-8, 2023。

333 免責聲明——我本身不是素食主義者，而且我家後院確實養了家禽，可以生產新鮮雞蛋，讓吉家雞蛋預算中的供應鏈損失減少到零。

12 拓展人類生態位

Expanding the Human Niche

羅馬人在各種氣候條件下都會打仗，憑藉著出色的紀律，他們盡可能保持健康與活力。特別值得一提的是：人類是唯一能夠在從赤道到極地的所有國家生活和繁衍的動物。就這項特權而言，似乎只有豬能與人類相提並論。

——愛德華．吉朋，《羅馬帝國衰亡史》

蜿蜒小路穿過玻利維亞的亞馬遜河流域，交織成路網。有些小徑高於周圍地景，好像河堤道路一樣；少數道路之間還有間隙。對外行人來說，這個路網似乎是隨機形成的，是自然力量的產物。然而事實卻令人咋舌，這裡的小路與堤道路網，完全是由玻利維亞的旱地漁民以手工興建的。河水會不時地淹沒整個地區，而在洪水退去後，水就留在堤道阻隔的水坑與池塘中，道路縫隙中布滿了漁網和陷阱，誘捕試圖想要跟著退潮返回河裡的魚[334]。等到洪水完全退去，這些水塘就形成了綠洲，富含可食用的植物，為旱地漁民補充飲食所需。

一般人看慣了歐洲或北美那種整齊一致的田野，或是光禿禿山坡上散落著羊群的地景，會認為這似乎是一種不尋常的耕作方式。我們總是用先入為主的觀念來看任何新的地景：對西方農民來說，亞馬遜是一片未馴服的叢林，然而事實上，亞馬遜地區的人口密度曾經比現在大得多，他們居住在廣闊的花園城市裡，擁有豐富的都會與宗教建築[335]，還在肥沃的土地上耕作，熱帶美洲的許多其他地區也是同樣情況。十五世紀末，在「征服者」抵達這裡之前，他們的疾病似乎就已經先到了，所以當西方人的目光首次關注亞馬遜時，叢林中的古代文明已幾乎完全消失，只留下一片密林。因此，我們所認定的亞馬遜原始荒野絕非如此——而是可以追溯到一萬兩千多年前人類活動的產物，甚至追溯到智人首次來到這個地區的時候。

人類活動改變地景

這樣的認知強迫人類用全新的眼光來看待自己的環境。整齊的田野和光禿禿山坡上散落著羊群的地景其實也是人造的，完全是人工創造出來的場景，從某個層面來說，也像商業街

---

334 Erickson, C. L., An artificial landscape fishery in the Bolivian Amazon, *Nature* **408**, 190-3, 2000。

335 Prümers, H., *et al.*, Lidar reveals pre-Hispanic low-density urbanism in the Bolivian Amazon, *Nature* **606**, 325-8, 2022。

和煙囪一樣具有工業化特徵。激進的社會運動人士以破壞鄉村美景為由，反對風能或太陽能發電等新開發項目，但是他們常常忘了：我們深愛的鄉村其實遠非自然。我們的鄉村完全是人造的，只有透過不間斷的警戒防備才能維持下去，如果任自然發展，樹木會重新占據這片土地。一萬年前，歐洲和北美東部大部分地區都覆蓋著森林。如今，隨著農業衰退，世界上的這些地方又重新披上森林的外衣。在北美東部的早期殖民地是一片田野和農場的混合體，然而隨著拓荒者的腳步向西部邁進，原本的田野和農場很多都荒廢了，又重新變回森林。如今，英國的森林覆蓋面積達三萬兩千平方公里——約占國土面積的百分之十三——這幾乎是一九〇五年的三倍[336]。在大家了解到英國人異常喜愛樹木之前，全世界的情況都是一樣的。一九八二年至二〇一六年間，全球樹木覆蓋面積增加了兩百二十四萬平方公里，約莫是英國陸地面積的九倍。熱帶地區的森林砍伐占據了各大媒體的頭條，但是溫帶地區重新造林的面積也不遑多讓。大部分變化可以歸結為一個因素——人類活動[337]。

向來都是如此。地景從來都不是靜止不動的，自從智人遍布世界各地以來，可能已經不再有任何地景可以視為完全原始了[338]。人類活動甚至延伸到世界上人類很少或從未涉足的地區，甚至連太平洋上最偏遠的無人島海岸線上，也妝點著（如果可以這麼說的話）許多人類的垃圾[339]。

每個物種都會建構自己的生態位

動植物會改變它們生存的環境，只是因為它們在那裡生存。從生態學的角度來看，每個物種都會創造或建構自己的生態位，這些生態位可能很小，也可能很大。舉個小例子：榕果小蜂（fig wasp）一生大部分的時間都生活在牠們從無花果樹慢慢建構出來的特殊結構中，這些結構就是我們認為的無花果，也就是樹的果實[340]。因此可以說，這些昆蟲建構了自己的生態位，是原本並不存在的東西。

另一個極端的例子出現在上一個冰河時期，當時歐亞大陸的大部分地區都籠罩在一種名為「猛瑪草原」（mammoth steppe）的生態系統之中[341]，這種環境支持了豐富多樣的植物

---

336 https://www.forestresearch.gov.uk/tools-and-resources/statistics/forestry-statistics/forestry-statistics-2018/woodland-areas-and-planting/woodland-area-2/area-of-woodland-changes-over-time/。

337 Song, X.-P., *et al.*, Global land change from 1982 to 2016, *Nature* **560**, 639-43, 2018。

338 Boivin, N. L., *et al.*, Ecological consequences of human niche construction: examining long-term anthropogenic shaping of global species distributions, *Proceedings of the National Academy of Sciences of the United States of America* **113**, 6388-96, 2016。

339 Benton, T., Oceans of garbage, *Nature* **352**, 113, 1991。

340 Cook, J. M., and West, S. A., Figs and fig wasps, *Current Biology* **15**, R978-R980, 2005。

341 相關評論可參閱 Zimov, S. A., *et al.*, Mammoth steppe, a high-productivity phenomenon, *Quaternary Science Reviews* **57**, 26-45, 2012。

——大部分是草類和草本植物——這在任何現代生態系統中都找不到。在茂盛草原上吃草的，是大量幾乎難以想像的大型動物，而不只是猛瑪象——我在第五章已經討論過這個主題[342]。冰河時期末期的氣候變遷導致猛瑪草原枯萎，依賴草原生存的動物也隨之滅亡（儘管人類無疑加速了這個過程）。動物和植物互相依賴——植物從動物的糞便中汲取營養，而動物則獲得豐富的飼料。每種生物都從其他生物那裡開闢出自己的生態位。

人類是自然的一部分，也創造了自己的生態位，但是人類將生態位結構提升到了另一個層次。關於人類建構生態位，有一點最令人驚訝，那就是我們在歷史大部分時間裡一直都在做這件事——或許比那些看到亞馬遜和完美雨林的人所意識到的還要更長久。數千年，乃至於數百萬年來，人類活動一直在改變環境[343]。人類的祖先直立人是我們所知的第一個能夠馴服和使用火的生物，例如，有跡象顯示早期人類用火來清理森林，無論是為了驅趕林中獵物以便進行狩獵，或是為了引誘獵物到長了新鮮植物的森林空地，或是為了促進對他們有用的植物生長。大型動物群——也就是體型比大型犬還大的大部分動物——在上一個冰河時期末期消失，主要也是歸因於人類的活動。這對整個生態系統產生深遠的影響，影響及於一切，從火的延續到水果和種子的傳播等等，甚至還影響了氣候。例如，由於過度捕獵導致大型草食動物消失，進而促進了森林的生長，而森林比裸露的地面更能吸收太陽能。即使在史前時期，人類的活動也共同改變了氣候。

人類的干擾與生物多樣性

農業發明強化了人類生態位的影響。砍伐森林和耕作會釋放二氧化碳，而種植稻米則導致向大氣中排放的甲烷增加。甲烷是一種比二氧化碳更強效的溫室氣體。但是農業最大的影響——或許超過其他——就是將動植物遷移到世界各地，而且往往遠離它們的原生地。這裡說的不只是家畜，還有害蟲和病原體。我們已經習慣了這種遷徙，甚至認為在某個地方出現的陌生動植物一定是一直生長在那裡的。像是在英國鄉間很常見的兔子，其實是跟許多其他動植物一起由羅馬人引進來的。有一次，我在夏威夷一家飯店的露台吃早餐，環顧花園，發現我所看到的每一種植物和鳥類都是引進的：夏威夷的本土動植物要不是已經滅絕，就是只局限在幾個相對偏遠的叢林地區。回到比較接近我們的時代，如果沒有辣椒，印度菜或中國菜會是什麼樣子？如果沒有馬鈴薯，愛爾蘭曲折的歷史又會是什麼樣子？這兩種植物都原產於美洲，並在過去五百年內才被帶到新的家園。整個動植物群的移動最終讓地景更適合人類居住，因此拓展了人類的生態位。

342 Stuart, A. J., *et al.*, Pleistocene to Holocene extinction dynamics in giant deer and woolly mammoth, *Nature* **431**, 684-9, 2004

343 Boivin, N. L., *et al.*, Ecological consequences of human niche construction: examining long-term anthropogenic shaping of global species distributions, *Proceedings of the National Academy of Sciences of the United States of America* **113**, 6388-96, 2016。

這就是考古學家妮可・波伊文（Nicole Boivin）及其同僚所謂的「移植地景」（transported landscapes）[344]，尤其是島嶼受到影響最深。例如，在人類抵達塞浦路斯島之前，那裡幾乎沒有可供人類生存的東西，早期在此登陸的農民帶來了生存所需的全套物品，不只是所有農作物和家畜，還有野生動物，如鹿、野豬和狐狸。類似的故事在全球各地的島嶼上都曾經發生過，如果沒有殖民者帶來的動物和植物，這些島嶼根本無法養活人類。

人類的影響，以及人類將新物種引入它們以前從未生存過的地方，對當地的生物多樣性造成了極大的破壞。生物多樣性喪失，如森林砍伐，占據了各大媒體的頭條。因此，當你發現人類的干擾實際上可能增加了生物多樣性的時候，可能會大吃一驚。

生態學中有一個原則叫做「中度干擾假說」。當生態系統完全不受外力干擾，可以自然發展時，可能形成只有一種——或是少數幾種——物種占據主導地位，進而降低生物多樣性。在另一個極端，當生態系統受到某種巨大災難的破壞，無論是自然災害（如火山爆發、小行星撞擊）或人類活動造成的災難（例如建造了天堂或是設置停車場），生物多樣性也會減少[345]。然而，當干擾程度處於兩個極端之間的某個中間位置時，生物多樣性就會蓬勃發展。想像一下，當森林裡一棵老樹倒下並死去時會發生什麼事。樹木倒下後產生一塊陽光充足的空間，這裡很快就被大量無法在連續森林覆蓋下生存的植物和動物占據；老樹的殘骸腐爛，為大量昆蟲、真菌和其他生物提供了家園。智人改變地貌，也創造了原本不可能自行形成的各種棲地區塊，並迫使原本不會接觸到對方的不同物種進行接觸，其最終結果就是增加了生物多樣性，從某種程度上來說，確實是如此[346]。

早在有歷史記載之前，人類就一直在改變現狀，為了自己創造生態位，如今已涵蓋整個地球。正如波伊文及同僚所說的：「『原始』地景根本就不存在，而且在大多數情況下，幾千年來都不曾存在過。大多數地景都是由數千年來人類活動反覆形塑的。」人類的生態位建構始終都是「地球的主要演化力量」，過去如此，未來也還是一樣。

人類應對變化：遷徙、適應、擴大生態位

所有這些人為造成的干擾，都發生在過去約六千年、氣候相對穩定的背景下——涵蓋有歷史記載的整個時期。智人已經習慣了這種穩定，或許過得有點**太**舒服了。

在此期間，人類似乎已經習慣了這種比一般認為要更狹窄的生態位。一般而言，人們傾

344 同前註。
345 正如瓊妮・蜜雪兒（Joni Mitchell）那首〈大型黃色計程車〉（Big Yellow Taxi）歌詞中所說的。
346 Thomas, C. D., *Inheritors of The Earth: how nature is thriving in an age of extinction* (New York: PublicAffairs, 2017)。

向於居住在年平均氣溫在攝氏十一至十五度之間的地方，不過印度季風地區是個例外，那裡的人們集中在年平均氣溫約攝氏二十至二十五度之間的地方。目前對氣候變遷的預測顯示，未來五十年內氣溫生態位的變化，可能比過去六千年內的變化還要大。三分之一的人口將經歷年平均氣溫超過攝氏二十九度的天氣——目前這種情況只出現在不足百分之一的地球表面，大部分都在撒哈拉沙漠[347]。面對這樣的變化，人類的反應不外乎遷徙，或適應，或二者兼具[348]。

然而，值得注意的是，當前這個氣候穩定的時期其實非比尋常。幾乎在整個智人的歷史中，氣候變化的速度都在轉瞬之間，有時是長時間的極度寒冷，其間穿插較短的溫暖時期，有時甚至連高緯度地區也會出現熱帶的溫暖氣候。人類透過遷徙和適應，尤其是透過擴大人類的生態位，從容地應對這些變化。

當一位我們南方古猿的祖先首次將兩塊岩石撞擊在一起，發現碎片的鋒利邊緣可以用作挖掘、切割和切片的工具時，人類的生態位就開始擴大了。甚至在烹飪出現之前，古人類就發現可以用石頭搗碎植物的纖維物質，或用石頭砸碎動物骨頭汲取營養豐富的骨髓[349]，拓展了他們的視野——不論在營養上、概念上或技術上。火的發現改變了整個局面，人類不僅可以開始烹煮食物——釋放更多營養素並殺死寄生蟲——他們還可以用火來硬化石頭邊緣，利用熱來進行化學實驗（尼安德塔人可能用火從樺木中製造出有用的焦油狀粘合劑[350]），還有最重要的是，改變他們所居住的地景。例如，早在農業發明之前[351]，人們就用火焚燒大片土地，驅趕獵物。

人類最初只是機會主義者，在熱帶大草原上拾荒和掠食，但是藉助火、人造居所和衣物，將生態位擴充至較冷的地區。順便一提，服裝的發明為寄生蟲創造了一個全新的生態位——如前文所述，人體蝨子完全依賴人類的衣服，並且是在人類發明服裝時從頭蝨演化而來的[352]。人類適應了在所有環境中生活，從看似貧瘠的北極到熱帶雨林的複雜生態系統，對於他們在大草原的祖先來說，這兩種環境都是無法涉足的禁區——而以地質時間來說，這一切都發生在轉瞬之間。儘管過去六千年的氣候相對穩定，但是人類利用這段時間創造了完全人造的全

---

347 Xu, C., *et al.*, Future of the human climate niche, *Proceedings of the National Academy of Sciences of the United States of America* **117**, 11350-5, 2020。

348 Vince, G., *Nomad Century: How to survive the climate upheaval* (London: Allen Lane, 2022)。

349 Zink, K. D., and Lieberman, D. E., Impact of meat and Lower Palaeolithic food processing techniques on chewing in humans, *Nature* **531**, 500-3, 2016。

350 相關例證請參閱 Schmidt, P., *et al.*, Production method of the Königsaue birch tar documents cumulative culture in Neanderthals, *Archaeological and Anthropological Sciences* **15**, 84, 2023。

351 相關例證請參閱 Thompson, J. C., *et al.*, Early human impacts and ecosystem reorganization in southern-Central Africa, *Science Advances* **7**, 2021, https://doi.org/10.1126/sciadv. abf9776。

352 Kittler, R., *et al.*, Molecular evolution of *Pediculus humanus* and the origin of clothing, *Current Biology* **13**, 1414-7, 2003。

新棲地。這些我們稱之為「城市」的棲地逐漸有了自己的氣候，在很大程度上可以由棲地的居民來控制，成了目前大多數人類生活的棲地[353]。可是人類的影響卻無所不在，從城市到雨林，從海岸到高山，人類的生態位現在已經遍及整個地球。

✱

好啦，現在我來談談過去幾章的重點。人類有機會可以避免滅絕，就是進一步擴大自己的生態位。他們可以透過移居太空來實現這一點，不過速度必須要快——發射窗口很窄，而且正在逐漸關閉。未來一、兩個世紀的人口急劇下降將對實現此一目標所需的技術創新造成嚴重壓力——其中包含多種多樣的技術，像是學習創造真正封閉且自給自足的生態系統、讓太空棲地適宜人居所需的人工光合作用，以及移動大型天體的力學原理。這些必要的技術目前尚處於起步階段，需要運用大量的人類智慧才能臻至成熟。我必須再重複一次古老的箴言：養育一個孩子需要一個村莊的努力，而創造一個愛因斯坦則需要數十億人的文明。而在另一方面，當人類專心致志時，他們能夠以極快的速度發展技術。人類從第一架有動力、可控制、可操縱的飛機（一九〇三年）發展到第一次登月（一九六九年），只花了不到一個人一生的時間——不過這個發展是發生在人口迅速增長的背景下。比較晚近的例子是應對新冠疫情的舉措，包括醫學創新以及對疫苗接種和免疫的更深入了解，都僅用了幾個月的時間。

接下來，在本章的剩餘部分，我將探討人類生態位在不久的將來可能出現的未來。

太空：人類生態位的可能未來

影迷可能還記得史丹利・庫柏力克（Stanley Kubrick）的電影《2001：太空漫遊》開場的場景：猿人將骨頭扔到空中，結果他們新發現的這個武器變成了一艘太空船。這一幕充滿了關於進步和天定命運的含義。一種可能解釋是：一旦人類發明了技術，進入太空就成了無可避免的方向。

箇中原因如下。

---

353 目前約有五十六%的人口（約四十四億人）居住在城市，而且這個比例預計還會繼續升高。到了二〇五〇年，會有十分之七的人口成為城市居民。https://www.worldbank.org/en/topic/urbandevelopment/overview#:~:text=Today%2C%20some%2056%25%20of%20the,people%20will%20live%20in%20cities。

科技的功能——有些人可能會說是主要功能——是幫助人類更優雅、更方便，還有在經濟上更適切地解決環境所帶來的問題。如果一個猿人會拿起骨頭當棍棒來攻擊另一個猿人（就像電影《2001：太空漫遊》裡那樣），由於槓桿作用增加，造成的打擊力道會比赤手空拳更大，但是消耗的能量卻是一樣的。衣服、火和用木頭及獸皮製成的簡易居所不僅能抵禦寒冷，而且比人類保暖的其他方式——比方說打寒顫——還要節省能量。更重要的是，這樣的發展讓人類能夠生活在無論怎樣顫抖都無法維持生命的環境之中。

這就是關鍵了。

透過科技形塑環境成為適合人類的生態位，讓人類可以生活在原本無法居住的地方。我們已經看到人類改變了地球，導致地球上沒有任何地方可以完全擺脫人類的影響；反過來說也是一樣，也就是人類已經將地球改造成適合自己的地方。沒錯，儘管氣候變遷（這本身就是人類生態位建構的副作用）可能會導致地球的部分地區變得不適合人類居住，不過這個前提是人類缺乏克服這些障礙的智慧。舉例來說，在世界上的某些地方，二十世紀的典型發明——空調——使人類可以忍受酷熱中的生活。或許我們可以這麼說：對於住在這些地區又有足夠經濟條件的人來說，生活就是在一個空調房間和另一個空調房間之間奔波而已。相反的，對於寒冷地區的城市也是如此，在漫長的冬季，氣候可控、無雪無冰的地下空間使交通和生活變得更容易。透過利用科技來隔絕惡劣環境，人類已經成了生活的專家，可以遠離他們演化源起的熱帶大草原，來到各個不同的地方生存，無論是沙漠、極地，或者是太空。

因此，人類太空之旅的起點並不是強大引擎的轟鳴，也不是巨型太空火箭從發射台上緩緩升起的慢動作。一切都始於我們周遭，就在大多數人類生活的完全人工環境之中。我們熟悉的大多數動物[354]——當然還有所有的大型哺乳動物——都生活在露天的環境，受自然因素支配。除了愈來愈多因貧窮或難民身分而被迫居住在臨時住所的大量人口以外——這一點真的是不可原諒——人類大多都生活在室內由他們自己創造和控制的環境中。

透過科技形塑人居環境

從很多方面來說，野生動植物的生活都取決於與其共享環境的其他物種的生活和習性。相較之下，現代城市中的人類生活幾乎全由其他人的建設所形塑出來——從他們住的房屋或公寓，到他們工作的辦公室或工廠，乃至於他們從一個地方到另一個地方的通勤方式。城市居民消磨休閒時光的場所也是一樣——從電影院到健身房、從購物中心到保齡球館。這種人

354 這條規律有個顯著例外，就是社會性昆蟲——例如黃蜂、蜜蜂、螞蟻和白蟻——牠們生活在巨大的巢穴或群落中，每一處都是牠們以自己的方式造出來的，就像人類的城市一樣。

工環境是如此完善，以至於一個從城市環境遷移到荒野的人會發現，在無人協助的情況下，很難創造出有絲毫像城市裡享受到的那種舒適生活。這樣的人就像是一隻離開巢穴、遠離社群的螞蟻一樣無助。人類接觸大自然或荒野的次數少，且多半在安全的環境之中。而且，誠如我所說的，即便是荒野，也已經受到人類活動的嚴重影響，而且本身可能是人造的。此外，人類居住的家、工作場所以及他們所乘坐的交通工具都與外界愈來愈隔絕。這些地方的氣候是可以控制的；空氣經過過濾，去除花粉、灰塵和微生物；甚至透過窗戶的陽光也經過偏光處理或過濾，遮蔽掉有害的紫外線。從很多方面來說，人類一輩子都生活在太空船的原型中，幾乎完全免受外界惡劣環境的影響。如果這聽起來有點牽強，想像一下現代噴射機的飛行員、機組人員和乘客，以每小時數百公里的速度在距離地面一萬公尺的高空飛行，他們只有在與外界完全隔絕的加壓艙內才能生存。再進一步想像一下，潛水艇的船員在深海中航行，若少了這個人造的環境，人類一刻都無法生存。因此，太空船是生態位建構趨勢的延伸，在這種趨勢中，人類設法將自己與外部環境幾乎完全隔絕。

然而，又不能完全隔絕，這一點很重要。

在噴射機這種密封加壓的容器中，旅程總是會有結束的時候（對於許多擠在經濟艙的乘客來說，結束的時間總是來得太慢），然後就到了下飛機的時間。當疲憊的乘客湧上空橋時，機上廁所和廚房裡的廢物也會清理乾淨；飛機內部清潔並加油；然後又裝載更多的貨物、乘客、行李、食品和飲料，為下一趟旅程做準備。打開的機門可以讓外面的新鮮空氣進入機艙換氣。簡言之，搭飛機飛行的時間是有限的。沒有人指望乘客和機組人員在無止境的旅程中自己種植食物、回收自己的垃圾，或是自己進行空中補給。

任何旅程也都是一樣的，包括太空任務。每個太空任務都有既定的時間表，超過這個時間，任務就可能會失敗，就連國際太空站在建造時也有預估除役的日期。可以肯定的是，一些無人太空船可以——而且確實也是——在其預計壽命結束後數年甚至數十年間持續運作。然而，當太空船上有機組人員時，任務就會受到嚴格限制。返回地球與最初發射進入太空一樣，都是經過精密的策劃。迄今為止，還沒有實現自給自足或無限期的載人太空任務。

太空生活演練

人們曾多次嘗試在地球上建造與外界完全隔絕的人類棲地，目的是研究未來太空殖民時可能遇到的問題。其中一個是「水瓶座」（Aquarius），那是一個圓柱形的居住艙，長十五公尺，直徑為四．五公尺（尺寸與國際太空站上的美國實驗艙相似），錨定在佛羅里達附近海域約六十公尺深的海底。這個水下結構用於模擬在太空中的生活。「水下太空人」在海洋幾乎無重力的環境中練習「太空漫步」，並演練日常工作和操作未來可能在太空中使用的技術[355]。然而，「水瓶座」的空氣供應來自地面，因此就像任何太空任務一樣，其任務持續時間也是有限的。

其中最出名（或者說最惡名昭彰）的太空生活演練，或許就發生在生物圈二號。這是一個占地一・二七公頃（略小於兩個足球場面積）的玻璃生態容器，位於亞利桑那州的沙漠[356]。生物圈二號是由一小群有遠見的科學家在一九七〇年代構思出來的計畫，當計畫準備要接收第一批實驗組員時，該建物內已經有超過三千個物種（包括蜂鳥和嬰猴），分布在各式各樣的棲地中，包括一座熱帶雨林和一處微型海洋，還有珊瑚礁，以及用於種植農作物的區域。一九九一年九月二十六日，八名組員加入這個計畫，標誌著任務的最後階段。原本設定的目標是：讓人類原則上可以永遠實現食物、空氣和水的完全自給自足。可惜，現實並非如此。土壤中含有過多有機物，細菌在爭奪氧氣方面完勝人類；牆壁裡的混凝土吸收了空氣中的二氧化碳，導致植物枯萎；生態系統不穩定；作為傳粉媒介引入的蜜蜂和蜂鳥都死了；農作物歉收。此時，實驗組員呼吸困難，因為氧氣濃度相當於通常在海拔四千三百公尺高空的空氣，最後是注入額外的氧氣才得以獲救。此外，他們還祕密接收了其他補給——這個事實直到很久以後才揭露。最後，在一九九四年四月四日，兩名前組員擔心現任組員的福利，打開了門上的密封，讓新鮮空氣灌入。這場無限期自給自足的實驗以可恥的結局告終。

生物圈二號目前由亞利桑那大學負責管理，作為試驗氣候變遷對生態系統影響的實驗平台。然而，這個理想主義的初始實驗，並非像當時所呈現的那樣完全失敗。創辦人及其團隊在如何創造一個完全密封、自給自足的棲地方面都獲益良多。主要結論是：創建一個長期穩定的棲地極具挑戰性——而且尚未實現。至於生物圈二號，其失敗原因或許不是野心太過遠大，反倒是企圖不夠遠大——或許還差了好幾個量級[357]。將一公頃多一點的土地劃分成一系列不同的生態系統，那麼每個系統的面積可能太小，無法生存，也無法穩定發展。人類若是想要冒險移居太空，而不只是做短期訪客，那麼在此之前還需要進行更多的研究來創造可以支持人類種群的自給自足生態系統，從最初幾個人開始，然後是幾十人，最後可能是幾千人乃

---

355 Chappell, S. P., *et al.*, NEEMO 15: evaluation of human exploration systems for near-Earth asteroids, *Acta Astronautica* **89**, 166-78, 2013。

356 Cornelius, K., Biosphere 2: the once infamous live-in terrarium is transforming climate research, *Scientific American*, 4 October, 2021; Zimmer, K., The lost history of one of the world's strangest science experiments, *The New York Times*, 29 March, 2019。面積相當於三．一四英畝。我不知道生物圈二號的英畝面積幾乎等於圓周率的這個事實是否有任何意義。

357 曾經嘗試在家中水族箱養魚的人都知道，小型水族箱很不容易穩定。我家裡有一個兩百公升的淡水熱帶魚缸，裡面養著幾條天使魚和一條很大、很老的鯰魚。因為是熱帶魚缸，所以用加熱器和恆溫器維持溫度，一旦設定好了之後，就可以不用管它了。由於容量很大，魚缸幾乎不需要維護。後來我在書桌上擺了一個小型的冷水魚缸，裡面養了一條金魚，情況就完全不同了。這個魚缸的容量不到二十公升，保持魚缸的低溫比保持高溫要困難得多，尤其是當容量較小的時候。只要一個不小心，魚缸很快就會被藻類堵塞，藻類會消耗掉水中所有的溶氧，導致魚窒息。所以我必須至少每週徹底換一次水，而較大的魚缸可以連續幾個月只更換部分的水。

至於數百萬人。

在住處日益受到控制的城市化人工環境中，人類正在努力尋找此類的解決方案。一些城市在經歷氣候變遷帶來的酷熱、寒冷或極端天氣事件，以及無法向大量人口提供食物和飲用水時，可能會首先選擇將大都市地區覆蓋在透明的穹頂下，以人工調節穹頂內的熱度和濕度，將惡劣天氣阻絕在外。這些城市可能的目標是實現水、廢棄物和空氣的完全內部循環利用。他們可能藉助相同的人工光合作用來實現此一目標，這種人工光合作用可用於為真菌和植物提供原料，在相對較小的空間內生產大量有用的蛋白質。若果如此，那麼將這些城市遷移到太空將是最後一步。在我們居住的城市內——而不是像水瓶座或生物圈二號這樣的小型棲地中——進行實驗將是一個關鍵，因為這可以進一步理解如何讓數百萬普通人無限期地延續並承受在太空中生活的因素，而不是讓少數受過訓練的太空人在有限的時間內執行任務。氣候變遷的速度和嚴重性不斷加快，將迫使城市做出這樣的選擇。

我剛剛已經提過國際太空站，這是一個共同開發計畫，可供各國太空人在不同的停留時期居住。太空中的第一個棲地是一個脆弱的小型太空站，位於低地球軌道，每次只能容納極少數人。到目前為止，世界上已經有大約三十四個不同的太空站[358]。第一個是蘇聯的禮炮一號（Salyut 1），早在一九七一年就發射升空。接下來是美國發射的第一個太空站天空實驗室（Skylab），於一九七三年發射。至於第一個設計用於長期居住的太空站則是蘇聯的和平號太空站（Mir），在一九八六年首次發射之後，花了十年的時間才組裝好所有零件。國際太空站的雛形最早是在一九八八年發射，送入太空軌道，隨後中國又發射了天宮太空站。太空站的優勢是模組化，可以由許多單獨送入軌道的組件組裝而成，而缺點則是從地球表面發射——需要反覆建造和補給太空站——成本高昂且效率低下，即便有一部分利用可重複使用的太空船，如現已退役的美國太空梭機隊。另一個問題則是居民的健康。雖然人類可以在太空站生活好幾個月，但是在零重力環境下生活會導致肌肉萎縮和骨質流失，而且只有少數人能夠同時居住在太空站內。我們距離可持續、自給自足的太空城市還有很長一段路要走。

月球門戶太空站

358 詳見 Chen, M., *et al.*, Review of space habitat designs for long term space explorations, *Progress in Aerospace Sciences* **122**, 100692, 2021。

我們的下一個目標則是月球。到目前為止，只有十二個人曾經踏上月球表面，他們都是阿波羅計畫的太空人，也全都是白人男性，而且自一九七二年以來就再也沒有人踏上月球表面了。在經過一段長期的沉寂之後，人類終於制定了將太空活動延伸至低地球軌道之外的計畫。由美國領軍的阿提米絲（Artemis）登月任務有許多不同國家的政府和企業組成的聯盟參與其中[359]，該任務的目標之一是在月球上建立永久載人基地以及繞行月球軌道的月球門戶太空站（Lunar Gateway）。阿提米絲系統（阿提米絲一號）的首次（無人）試飛於二〇二二年進行，並預計在十年內全面投入運作。

月球門戶太空站扮演了關鍵性的角色——讓人類可以在太空和月球表面之間更經濟、更頻繁地轉移太空人和物資，而不必每次都必須返回地球，還要承受對抗地球引力的巨大成本。一旦建立月球門戶太空站和月球表面的基地，就可以繼續向外擴展。月球基地可以幾乎無限制地延伸，透過挖掘地下隧道來保護人類居民免於太空中強烈輻射以及月球表面極端溫度的影響。挖掘出來的岩石經過處理後可以釋放出有用的物質，包括——只是可能而已——氧氣和水。也許太空人可以攜帶自己製造食物所需的東西，例如人工光合作用系統。

阿提米絲計畫由美國主導，但可以肯定的是，其他國家也渴望在月球上建構獨立的立足點，如此一來，殖民月球將具有政治層面的意義。儘管月球殖民不會驅離任何原住民，但是必須有參與規則，這樣的規則已經存在。然而，我們不要忘了，聯合國現行的《外太空條約》

（Outer Space Treaty）[360]是在人類踏上月球之前起草的，可能很快就會出現問題[361]。在下個世紀的某個時候，月球上可能會出現一些政體尋求獨立，不再隸屬於支持他們的地球國家。當一代又一代的人開始在月球上出生、長大後，他們將不再對那個遙遠星球上的母國抱有忠誠之心，畢竟那只是漂浮在黑色星空、只能抬頭遙望卻從未去過的地方。話說回來，在月球上長大的人可能永遠不會想去地球，因為地球有足以壓死人的重力、太過強烈的光線、令人作嘔的藍色天空，和廣闊到令人患上廣場恐懼症的地平線。

繼月球之後，再下一個目標就是火星了。這是一個更困難的命題，因為火星距離地球更遠，平均距離為兩億兩千五百萬公里，要上火星也是極度危險之事。到目前為止，十次火星任務大約有六次以失敗告終，而這些任務全都是由機器人完成的。將人類安全送上火星（並安全回來）所需的技術仍在開發之中，不過載人火星任務可能最早在二〇三〇年代就能實

359 https://www.nasa.gov/specials/artemis/。
360 https://www.unoosa.org/oosa/en/ourwork/spacelaw/treaties/introouterspacetreaty.html。
361 有關不久將來會出現的太空政體，請參見 Tim Marshall 的著作 *The Future of Geography* (London: Elliott and Thompson, 2023)。另外有一本淺顯易懂卻深入探討如何解決太空問題所面臨的法律障礙的書：*A City on Mars: Can We Settle Space, Should We Settle Space, and Have We Really Thought This Through?* By Kelly and Zach Weinersmith (London: Particular Books, 2023)。

現[362]。從阿提米絲任務中學到的經驗與教訓——還有來自美國以外其他國家，甚至私人公司的經驗與教訓——對於火星任務的成功至關重要。成功完成載人火星任務的關鍵是要先建立月球門戶太空站，或者說在月球周圍建立任何一個太空站，這樣可以讓前往火星的太空人能夠在月球軌道上停留一段時間，然後再搭乘太空船飛往火星，會比從地球發射升空直接前往火星更有效率。

人造太空棲地

一旦將載人太空站送進繞行月球和地球的軌道——或許還有火星——就會有人（最初是那些維護太空站並為各種暫居的太空人提供各項福利的工作人員）開始意識到：踏上行星表面根本是浪費時間，甚至沒有必要，尤其是要從地球或火星等行星的重力井攀爬下去（然後還得再爬上來），既昂貴又危險。一生中大部分時間在太空站生活的人將開始尋找同樣無拘無束、甚至更寬敞的住所。

太空棲地在科幻小說中占有重要地位，而且能夠無限期地支持數千人在太空中生存的人工棲地設計理念也層出不窮[363]。這些設計的關鍵是某種模擬重力的運動，在小說中流行的輪狀太空站（事實上，在《2001：太空漫遊》中也出現過）將以一定的速度旋轉，讓沿著輪圈內側移動的居民感受到重量。在遊樂場乘坐遊樂設施或騎摩托車進行「死亡之牆」之類的特技表演時，也會感受到同樣的向心力。

可以無限期容納大量人口的人造太空棲地有幾個缺點。首先是將建造棲地所需的大量材料運送入軌道會耗費龐大的成本；第二是必須提供足夠的掩蔽，保護脆弱的人類太空殖民者免受輻射傷害。這兩個問題也許可以透過使用現成的（雖然不是立即可以使用的）天體來解決，也就是小行星。

小行星是一組天體，大小從直徑不到一公里的巨石到小型行星不等。已有紀錄的小行星超過一百三十萬顆[364]，大多位於火星和木星之間、繞著太陽運行的寬闊帶中，不過也有少數小行星運行到更遠的太空，甚至還有一些小行星的軌道將它們帶入太陽系內部，它們的軌道在那裡與地球軌道交叉。這一類的近地小行星（near-Earth asteroid，簡稱 NEA）對地球上的生

362 Six Technologies NASA is advancing to send humans to Mars, https://www.nasa.gov/directorates/spacetech/6_Technologies_NASA_is_Advancing_to_Send_Humans_to_Mars。

363 詳見 Chen, M. *et al.*, Review of space habitat designs for long term space explorations, *Progress in Aerospace Sciences* **122**, 100692, 2021。

364 https://solarsystem.nasa.gov/asteroids-comets-and-meteors/asteroids/overview/?page=0&per_page=40&order=name+asc&search=&condition_1=101%3Aparent_id&condition_2=asteroid%3Abody_type%3Ailike。

命構成了威脅。大約六千六百萬年前，一顆直徑數公里的小行星撞擊地球，消滅了恐龍和許多其他生物，並造成了持續數萬年的生態破壞。出於這個顯而易見的原因，科學家與政策制定者對近地小行星產生了濃厚的興趣[365]，而將具有潛在威脅的小行星推入更安全軌道的技術試驗，正是最近一次太空任務的目標[366]。

從利用太空船撞擊小行星到更精細的相互作用形式——從概念上講——還只是一小步。我們不僅可以將小行星偏轉到不同的軌道，甚至還可以引導它們停留在某個理想的位置，例如繞地球運行的軌道。然而，要有效地在短時間內移動直徑大於數百公尺的小行星，可能需要用到目前尚不存在的技術，例如由核融合驅動的火箭[367]。如果有任何一個國家、公司或財團開始在近地太空移動小行星，地球居民也可能因為擔心發生類似恐龍滅絕的災難而強烈反對。

空心小行星的城市概念

不管是將小行星移走還是讓它們留在原來的軌道，它們都蘊藏著豐富而寶貴的礦產資源，這是我們已經知道的事實。因此建設太空棲地很可能必須依賴開採小行星的原物料，而不是從地球表面運輸這些資源[368]。一旦開採完畢，接下來會怎麼樣呢？與其拋棄小行星的空心外殼，不如將空心洞穴移作人類的居所[369]。小行星的內部提供了現成的棲地，其岩石表面又可以保護人類免受外部輻射。

小行星棲地可容納多少人？這取決於小行星的大小。已知直徑超過一百公里的小行星大約有兩百五十顆，經過粗略計算，這種小行星內部的圓柱形洞穴長約五十公里，寬約十公里，內部表面積可達將近一千六百平方公里，這是曼哈頓面積的十倍有餘。在撰寫本書時，曼哈

---

365 相關例證詳見 Chapman, C. R., and Morrison, D., Impacts on the Earth by asteroid and comets: assessing the hazard, *Nature* **367**, 33-40, 1994。作者在文章中估計，下個世紀發生直徑兩公里或更大的小行星撞擊地球的機率約為萬分之一，這種撞擊足以造成嚴重的生態破壞並導致地球上很大一部分人口死亡。雖然機率很小，但並非完全不可能。這與人的一生中被閃電擊中的機率（一五三〇〇分之一）或找到四葉草的機率（萬分之一）大致相同。死於飛機失事的機率約為一〇〇〇萬分之一。https://stacker.com/art-culture/odds-50-random-events-happening-you。

366 Rao, R., Smashing success: humanity has diverted an asteroid for the first time, *Nature*, 11 October 2022, https://www.nature.com/articles/d41586-022-03255-w。

367 幾十年來，科學記者之間一直流傳著一個笑話：從撰寫本文之日起，再過三十年，核融合就會以常規方式加入現有的能源結構中。話雖如此，一直到二〇二二年，核融合實驗反應所產生的能量，才首次超過驅動該反應所投入的能量。詳見 Tollefson, J., and Gibney, E., Nuclear-fusion lab achieves 'ignition': what does it mean? *Nature* **612**, 597-8, 2022。

368 Ross, S. D., Near-Earth asteroid mining, Space industry Report, https://citeseerx.ist.psu.edu/document?repid=rep1&type=pdf&doi=8c342ea48e59acd5649a7758add94a6e025d7a7e。

369 Grandl, W., and Böck, C., Asteroid habitats – living inside a hollow celestial body，收錄在 Badescu, V., Zacny, K., Bar-Cohen, Y. (eds), *Handbook of Space Resources* (Springer, 2023), https://doi.org/10.1007/978-3-030-97913-3_22。

頓的人口密度為每平方公里兩萬七千人[370]，因此，如此規模的小行星棲地可容納超過四千三百萬人，比整個加拿大的人口還要多。

然而，大多數的小行星都比這個要小得多。儘管如此，一顆直徑十公里的小行星上若有一個長七公里、寬兩公里的圓柱形洞穴，其內部表面積就將近四十四平方公里，比曼哈頓略小，以相同人口密度來說，能夠容納一百多萬人——相當於一個中型城市的規模。

如果在下個世紀，城市變得比現在更封閉和自給自足，那麼將城市的概念從地球表面移植到空心小行星的問題應該不難克服。事實上，到那時人類可能已經認為這是再自然不過的事了。

空心小行星必須沿著圓柱形洞穴的長軸旋轉，才能產生某種人造重力，讓在圓柱體內表面移動的人感受到重量。模擬的重力不需要是地球的重力，對於習慣在太空生活的人來說，火星或月球的重力要小得多，可能也沒什麼問題，不會對健康造成威脅。有個問題是，許多小行星本身的重力很小，沒有足夠的機械強度讓它們保持高速旋轉又不至於破碎。即便如此，應該也不至於構成任何障礙。一旦透過採礦形成了洞穴，就可以對內部表面進行燒結或焊接以增加強度。另外甚至還有故意擊碎小行星的計畫，使其快速旋轉直至解體，然後再用一張膨脹的圓柱形網捕撈解體後的碎石，最後形成一個由壓實的小行星碎石組成的圓柱體，可以在其中建造人類棲地[371]。

在這樣的棲地裡的生活會是什麼樣子呢？答案是很像住在一座城市裡，不過仍會有些不一樣。充足的陽光由覆蓋小行星外部的太陽能電池板收集，並透過光纖或鏡面系統傳送到小行星內部，所以不會出現能源短缺的問題，沒有理由不會像白天一樣明亮。氧氣和水將由人工光合作用提供，同樣的光合作用也為真菌和植物提供原料，從而可以種出可食的植物，而真菌和植物又以二氧化碳和人類和動物的排泄物為養分。

但是，在我們過度沉迷於太空生活之前，還是有必要列出一些不利因素，正如凱莉與札克・韋納史密斯（Kelly and Zach Weinersmith）在他們那本有趣又發人深省的書《火星上的城市》（*A City on Mars*）中所做的那樣——這本書還有一個挑釁意味濃厚的副標題：《我們能在太空定居嗎？我們應該在太空定居嗎？我們真的有想通了這個問題嗎？》[372]。韋納史密斯夫

370 https://worldpopulationreview.com/boroughs/manhattan-population。
371 Miklavcic, P. M., *et al.*, Habitat Bennu: design concepts for spinning habitats constructed from rubble pile near-Earth asteroids, *Frontiers in Astronomy and Space Sciences* **8**, 645363, 2022。
372 Weinersmith, K., and Weinersmith, Z., *A City on Mars: Can We Settle Space, Should We Settle Space, and Have We Really Thought This Through?* (London: Particular Books, 2023)。

婦認為，儘管科技和科幻小說激發了人類想要定居太空的熱情，但是在定居太空成為現實的冒險之前，還需要對太空棲地的生物學、醫學、經濟學和治理進行更多研究。

太空殖民的現實議題

值得注意的是，只有少數人類曾經冒險超越地球磁層，而磁層可以保護所有生命免於來自太空的有害輻射。這些人都是阿波羅計畫的太空人，正如前文所述，他們全都是壯年男性，根據他們的身體健康和技術專長而精心挑選出來，並接受了全面的訓練。從來沒有女性執行過登月任務——無論她們曾經接受過什麼樣的訓練、擁有什麼樣的體能或專業知識——也沒有嬰兒、兒童、老年人、失能者或患有慢性病的人、甚或街上任何一個正常的普通人曾上過月球。如果太空棲地想要成功，就必須能夠應付各種健康或疾病狀態的人。居民的健康將是重中之重。太空醫療人員必須做好應對各種突發狀況的準備，並且能夠應付人體在外星環境生活所出現的各種前所未有的健康問題。

至於繁殖，考量到定居太空可能經歷惡劣的輻射環境和引力變化，沒有人知道在太空中是否可能懷孕，更不用說生下胎兒了。沒有人知道在太空中出生的嬰兒會出現什麼樣的異常狀況，無論是在出生當時，還是在以後的生活中。如果繁殖是在完全人工、完全受控的環境中進行的，那麼這些潛在問題可能就可以迎刃而解。從懷孕之初說起，體外人工受精（試管嬰兒）現在幾乎已經成了常規做法；到了懷孕末期，醫學在挽救更多早產兒生命方面做得愈來愈好。或許，有一天，這兩種技術會在中間相遇，實現完全的異婚受孕（體外懷孕）。姑且不論這個議題引發的各種倫理問題，此一前景似乎仍遙不可及。但是如果沒有人定居太空，太空殖民就不可能實現。

就算這些健康和繁殖問題都解決了，太空定居點的人口也可能很少，至少在剛開始的時候是如此。我在本書前面探討過人口規模太小會對種群生存能力造成令人沮喪且往往是悲劇性的後果，這種後果在太空中比在地球上會更為常見，因為在太空中定期注入新基因的機會並不太多。

太空殖民也引發了太空愛好者很少涉及的法律和政府問題，但是韋納史密斯夫婦對此議題進行了深入探討。我在前文提到了聯合國的《外太空條約》，該條約將外太空視為公共利益，任何政體或個人都不得將其據為己有。條約中也禁止在太空建立獨立的政體——即便這類機構能夠完全自給自足。至少在初始階段，每個太空計畫都會由主要贊助或出資的國家管理，即使是由私人公司或個人開展的計畫也同樣適用。假設有位科技億萬富翁剛好是魯里塔尼亞 373 的公民，他出資在土星軌道上建造了一個完全自給自足的太空棲地，那裡就適用魯里塔尼亞的法律和習俗以及《外太空條約》的規定。要脫離母國分裂不是一個容易的選項：部分原因是魯里塔尼亞政府可能會反對，同時也因為分離主義者想分割出來的領地是原本供所有人（而不僅僅是魯里塔尼亞公民）使用的公共土地。類似的法律細節也會阻礙私人或國家為牟取利益而開發太空中可能發現的任何礦產資源——例如在小行星帶。正如韋納史密斯夫婦所指出的，這種問題都有先例可循。例如，《南極條約》（Antarctic Treaty）保護南極洲的領土神聖性。有人對南極提出了領土要求（每一個看起來都像一片披薩），其中一些要求相互重疊，但是考量到南極大陸既荒涼又難以到達，這些要求在某種程度上都處於擱置狀態。在太空中可能也適用類似的模糊性，可是正如韋納史密斯夫婦所說的，太空地緣政治問題最終可能會在地球上解決，甚至可能產生核能相關後果。

有些人可能還記得一九八二年，阿根廷與英國因福克蘭群島（Falkland Islands，阿根廷稱為馬爾維納斯群島〔Malvinas〕）爆發戰爭。福克蘭群島是南大西洋上的一塊小領土，有人居住，還擁有更偏遠的亞南極「屬地」，只有科學家偶爾會住在那裡。實際上，福克蘭戰爭是從南喬治亞島（South Georgia）開始的，這裡是一個令人望之生畏的地點，島上的企鵝比人類還多。地球上的國家可能會因為對月球的主權爭議而爆發戰爭嗎？

另外一個可能用於太空的法律框架模式是《聯合國海洋法公約》（United Nations Convention on the Law of the Sea，簡稱 UNCLOS），該公約確實允許在某些情況下進行一些開發。《聯合國海洋法公約》可能是比《南極條約》更好的模式，原因很簡單：南極洲雖然環境惡劣，卻仍然有可以呼吸的空氣，而水下生活在許多方面都與外太空相似。據說智人對海底的了解還比不上對火星表面的了解。無論如何，為了安全殖民太空並盡量減少政府的阻力，地球的治理必須比現在——或者可能是不久的未來——更加團結。

前文所述的內容引出了一個大哉問——**為什麼**？

為什麼有人要花盡心思、耗費巨資到太空定居呢？在太空中實現自決在實務上可能極為困難，同時又可能成為法律的雷區。掠奪太空的自然資源在短期內看起來在經濟上並不可行，因為礦產資源無論多麼稀缺，在地球上開採總是更有利可圖，並且在可預見的未來仍將如此。以旅遊業為基礎的經濟看似有一線曙光，或許在地球、月球軌道與更遠方定點之間的中繼太

373 譯註：魯里塔尼亞（Ruritania）是英國小說家安東尼・霍普・霍金斯爵士（Sir Anthony Hope Hawkins，一八六三—一九三三）在小說中構建出來的一個虛構王國，位在中歐。

空站會出現服務業。儘管智人已經成功創造自己的生存環境，但是太空仍是一個極度危險的地方，這一點幾乎毋庸置疑。

熱中此道的人對人類希望殖民太空所持的理由通常是出於情感，而非實際目的。人類可能會因為太空「令人敬畏」而去殖民，或者——正如登山客在被問到為何試圖攀登高峰時所解釋的那樣——「因為它就在那裡」[374]。有些人認為，征服「高原邊疆」的想法是人類探索的根本衝動。這究竟是人類的普遍渴望，還是受到美國科幻小說和西部荒野神話的影響，目前仍是一個有爭議的問題，但是如前文所述，我清楚記得自己小時候（在英國）讀過《你會上月球》，書名就充滿了天定命運的意思——要是我那時候知道就好了——而且還是針對兒童讀者。在我讀過的眾多書籍中還能如此清楚地記得這本書，又或者說儘管我還記憶深刻卻迄今仍未去過月球，何者比較有意義，就交由讀者來決定了。

國家的名聲與威望也總是必須考量的因素。這是一九六〇年代美國和（當時的）蘇聯登月競賽的主要動力。不過其中牽涉到更多地球上的地緣政治，而不是征服太空。

---

374 這句話出自喬治・馬洛里（George Mallory），他在一九二四年嘗試攀登珠穆朗瑪峰。我們並不知道他是否成功了——因為他在探險過程中喪生。這對於熱中太空探險的人來說，確實是一個警世故事。https://www.alamosa.org/travel-tools-tips/a-travelers-blog/700-because-it-is-there#:~:text=The%20quote%2C%20%22Because%20it%20is,ice%2C%20rock%2C%20and%20snow。

因此，並沒有任何理性的理由會讓人類想要去太空定居，然而這並不能阻止人類為了非理性的理由飛向太空。

從殖民前例看太空擴張

在歷史上，小群體遠離家鄉到外地定居的最重要原因之一就是宗教。人類因為宗教迫害，或因為想建立一個遠離人類普遍誘惑的理想社區，而搬遷到不同的大陸。

正是宗教促使許多早期的歐洲人跨越廣闊的大西洋到北美殖民，他們不像中美洲和南美洲的征服者那樣受到財富的慾望驅使——儘管英國殖民北美洲的原因之一就是為了阻止西班牙的航運。許多早期的殖民沒有等著觀望他們的冒險是否切實可行，更不用說預測是否可行了。我們會想起早期英國殖民地洛亞諾克（Roanoke）和詹姆斯敦（Jamestown）的悲慘歷史——二者都位於現在的美國大西洋海岸。就抵達目的地所需的時間而言，這些早期殖民地與家鄉的距離至少跟當今火星上的太空人一樣遠，而且因為飢荒、疾病以及與當地美洲原住民的衝突而屢屢遭到滅絕。無論他們對神的旨意是多麼的深信不疑，都無法克服這些巨大的世俗障礙。早期在太空定居的人極不可能遇到充滿敵意的原住民，但是環境本身的敵意就已經夠充分了。英國花了兩個世紀的時間，還歷經一場血腥的戰爭，才在北美的殖民地逐漸站穩腳步，成為一個獨立的政體——美利堅合眾國。準備不足的探險家冒然踏上未知旅程，失敗的機率會很高，這應該會給未來有心去太空殖民的人敲響警鐘。

一六九〇年代，促使蘇格蘭人試圖殖民現今巴拿馬部分地區的動機，是民族自豪感與經濟冒險主義，而非宗教信仰；其目的是壟斷巴拿馬地峽的貿易，並建立一個殖民國家，與蘇格蘭的鄰國——英格蘭——日益強大的勢力相互抗衡[375]。只不過這次嘗試徹底失敗，幾乎所有殖民者都死於疾病、飢荒或與西班牙的衝突。這次的冒進讓蘇格蘭陷入了經濟崩潰的邊緣，以至於最後別無選擇，只能與英格蘭合併，並於一七〇七年通過《聯合法案》（Act of Union）成立不列顛王國，由英格蘭主導。對於未來有志殖民太空的人來說，這應該是另一個警世故事。

我認為，近期太空探索中一個更重要的因素應該是人類不聽勸告的傾向，而非驅動智人這個物種像旅鼠般一窩蜂向外發展的衝動。我認為太空定居很有可能實現，不過可能需要幾個世紀才能達到自給自足，而且在過程中還會有難以言喻的悲劇和心痛。

這場豪賭取決於人類是否能夠在未來兩個世紀左右在太空中建立未來，也就是在地球上的智人數量變得太少、太稀疏而無法維持生存之前。

想像一下，如果這真的發生了——人類將在遠離地球的地方建立橋頭堡。整個人類群體——數百萬甚至數十億人——將在小行星棲地成長和發展，形成宗教和習俗各異的政體，甚至可能演化出新的生物特徵。智人將分化為多種不同分支的物種，每種物種都有自己的宇宙觀。有些殖民地可能會繁榮昌盛，也有一些注定要失敗。某些政體的文化和政治可能會為其他國家的人所厭惡，但是整體而言，向太空擴張可能會拯救人類，開啟一個發現、探索和知識的新時代。最終，一些棲地將決定脫離家鄉太陽系，並開始向更廣闊的銀河系航行。若果如此，誰知道未來會發生什麼事呢？

李查德．戈特在預測人類滅絕的統計數據時表示，智人未來進入太空的可能性極小[376]；但是這個結論並沒有預測到人類會發現自己正處於一個特定的轉折點上。我希望我已經在本書中闡明，我們人類——你，讀者，和我——生活在我們整個物種歷史上一個獨一無二的時刻，

---

375 儘管在一六〇三年後，英格蘭和蘇格蘭都由同一位君主詹姆斯一世（蘇格蘭國王詹姆斯六世）統治，但是這兩個國家及政府在接下來的一百年間裡仍然完全獨立。

376 Gott, J.R., Implications of the Copernican principle for our future prospects, *Nature* **363**, 315-9, 1993；二〇一七年《華盛頓郵報》一篇 Christopher Ingraham 撰寫的文章曾討論到，https://www.washintonpost.com/news/wonk/wp/2017/10/06/we-have-a-pretty-good-idea-of-when-humans-will-go-extinct/。

人口即將達到峰值並開始下降。因此，這是一個特殊的時期，未來可能朝兩個方向發展：要不是智人將在未來一萬年左右內衰落並滅絕，就是認真地對待太空，齊心協力向宇宙擴張，並且——只是可能而已——再存活個數百萬年。

這是一個必須在下個世紀、最多兩個世紀內做出的決定。如果智人要認真對待自己的長遠未來，就必須從現在開始。

後記

我在拙作《地球生命簡史》中，假設智人和所有物種一樣終有一天會滅絕。然而，我對時間表的描述卻相當模糊，最後指出這個物種「遲早」會滅絕。滅絕是所有物種的命運，但是智人卻有問題，因為智人在許多方面都是例外——相較於我先前在《意外的物種》（*The Accidental Species*）書中提出的反對人類例外論觀點——他們能夠利用技術改變其生存環境的方式，這在我們所知的生命史上堪稱史無前例。唯一可能的例外，就是二十多億年前演化出光合作用來產生氧氣的細菌，這些細菌向大氣中釋放有毒氣體O_2，導致在沒有O_2的情況下演化出來的生命完全滅絕。智人是一種極具破壞性的物種，不僅對自己，也對他們生存的環境具有破壞性。這使得預測人類滅絕充滿了不確定性。人類既具有驚人的創造力，又具有肆意的破壞力。

因此，我決定更仔細地研究可能不利於智人長期生存的因素，結果就是在《科學美國人》（*Scientific American*）雜誌發表了一篇題為〈人類注定滅絕〉（Humans Are Doomed to Go

Extinct）的文章[377]。這在許多使用不同語言的國家引起了震驚。後來，我覺得應該把這篇文章擴展成一本書，也就是你眼前看到的這一本。我要感謝 Kate Wong 在《科學美國人》上發表我的文章；感謝 Ehsan Masood 和 Brian Clegg 花時間閱讀文本草稿；感謝 Picador 出版社的 Ravi Mirchandani 和 Lewis Russell 以及聖馬丁出版社的 George Witte 負責此一特殊專案；感謝 Pan Macmillan 版權部門的 Mairead Loftus 和她的同事；還有我長期以來的經紀人，Jill Grinberg 作家經紀公司的 Jill Grinberg，感謝她這一路上的鼓勵，同時建議說像這樣一個令人沮喪的主題應該要有個好萊塢式的結局。毋庸置疑，所有的錯誤（可能很多）和遺漏（甚至更多）都是我的責任。一如既往，我感謝 Penny、Aviv 和 Rachel——她說如果我在書中特別提及她，她會給我泡一杯茶。

---

377 Gee, H., Humans are doomed to go extinct, *Scientific American*, 21 November 2021, https://www.scientificamerican.com/article/humans-are-doomed-to-go-extinct/。

國際好評

「這本書真是絕妙至極，製作精美，研究嚴謹，文筆機智幽默，充滿風趣，講述了我們人類物種為何終將步上恐龍滅絕之路的扣人心弦故事。我們難道只是群沉迷藥物、瘋狂奔向滅絕懸崖的旅鼠嗎？這是所有人類必讀之書，對政治人物更應列為強制閱讀。告訴我吧，亨利．吉博士，請直白告訴我，我們究竟還剩下多少時間？」

——約翰．朗（John Long），澳洲弗林德斯大學古生物學教授、《鯊魚的祕密歷史：海洋最可怕掠食者的崛起》作者

「視野廣闊……令人愉快……一本嚴肅但依舊娛樂性十足的作品，檢視人類長遠前景。」

——《柯克斯書評》（*Kirkus Reviews*）

「本書資訊豐富又娛樂性十足……我想不到還有誰能像亨利．吉這樣，用直言不諱、冷靜卻詼諧的筆觸寫出這樣的作品。他是一位帶領我們探索人類命運的親切嚮導。」

——羅文．胡珀（Rowan Hooper），《新科學人》（*The New Scientist*）

「大膽而具洞見……亨利．吉呈現出一幅既引人入勝又令人不安的人類未來圖景。」

——艾德里安．伍爾夫森（Adrian Woolfson），《科學期刊》（*Science Journal*）

「這本觀點挑釁、行文優美的著作，不僅能教育並啟發我們深入思考，也能激起各行各業人士的深入討論。」

——《富比士》（*Forbes*）

「精彩絕倫……以引人入勝的筆法展現了一個我們並不陌生的故事。」

——約翰・葛里賓（John Gribbin），《文學評論》（*Literary Review*）

「亨利・吉去年寫了我最喜歡的一本書《地球生命簡史》，如今他又寫了我明年的最愛。他讓我的思維拓展，增廣我對地球生命的知識，卻又同時讓我對人類即將到來的滅絕忍不住發笑，這實在不合常理！請立刻把這本書放到你的必讀清單首位，在為時已晚之前！」

——艾瑞克・艾德爾（Eric Idle），英國喜劇家、演員、歌手、編劇和喜劇作曲家

「令人振奮……亨利・吉以那種為他贏得英國皇家學會科學圖書獎的機智、對話式筆法，處理人類未來的存在性問題。深思熟慮，富有啟發，亨利・吉是一位智者。」

——史蒂夫・布魯薩特（*Steve Brusatte*），《恐龍的興起與衰落》作者

「這就像賈德・戴蒙遇見亞瑟・克拉克，再添上一點道格拉斯・亞當斯的風格，這本書理應被廣泛閱讀與討論。」

——菲利普・鮑爾（Philip Ball），《生命如何運作》《預知社會：群體行為的內在法則》作者

「一本引人入勝、研究深入的進化旅程探究，也是一場極其愉快的知識冒險。」

——麥可・龐德（Michael Bond），《尋路》作者

「引人入勝……令人上癮……吉的這本書不僅僅是一篇關於人類未來的獨白，它極可能是對我們所有人發出的終極行動警鐘。」

——約翰・朗（John Long），《對話》（*The Conversation*）

譯名對照

2001: A Space Odyssey《2001：太空漫遊》
A (Very) Short History of Life on Earth《地球生命簡史》
A Brief History of Everyone Who Has Ever Lived《每個人的短歷史：人類基因的故事》
A Christmas Carol《聖誕頌歌》
A City on Mars《火星上的城市》
Act of Union《聯合法案》
Adam Rutherford 亞當・盧瑟福
Adriaantje Adriaanse van Rotterdam 來自鹿特丹的阿德莉安婕・安德莉恩
Afrikaners 阿非利卡人
Allan Wilson 艾倫・威爾遜
Altai Mountains 阿爾泰山脈
Altamira 阿爾塔米拉
Amish 艾米許人
ammonite 菊石
Antarctic Treaty《南極條約》
Antonie van Leeuwenhoek 安東尼・范・雷文霍克
Ardipithecus kadabba 卡達巴地猿
Ardipithecus ramidus 始祖地猿
Artaban 阿爾塔班
Artaxerxes 阿塔薛西斯
Artemis 阿提米絲登月任務
Arthur C. Clarke 亞瑟・克拉克
Ashkenazi Jews 阿什肯納茲猶太人
Attirampakkam 阿提蘭帕坎
Augustus 奧古斯都
Australopithecus 南方古猿屬
Australopithecus afarensis 阿法南方古猿
Bab el Mandeb 曼德海峽

Bedouin 貝都因人
Biafra 比亞法拉
Big Yellow Taxi〈大型黃色計程車〉
Blombos Cave 布隆伯斯洞穴
Bovine Spongiform Encephalopathy 牛海綿狀腦病
Brian Clegg 布萊恩・克雷格
Captain James Cook 詹姆斯・庫克船長
Caracalla 卡拉卡拉皇帝
Carboniferous 石炭紀
Carcinus pagurus 螃蟹
carrying capacity 承載力
Castanea sativa 甜栗樹
Cavendish 香芽蕉
Chagyrskaya 查吉爾斯卡亞
Charles C. Mann 查爾斯・曼恩
Charles Darwin 查爾斯・達爾文
Chikungunya 屈公病毒
Chilean wine palm 智利酒棕櫚
Chororapithecus 脈絡猿
Chris Stringer 克里斯・斯特林格
Christopher J. L. Murray 克里斯多福・穆雷
Coelodonta antiquitatis 披毛犀
Commodus 康茂德
confidence limits 信賴界限
Copernican principle 哥白尼原理
Cordoba 科爾多瓦
Cretaceous 白堊紀
Creutzfeld-Jacob disease 庫賈氏症
Crohn's disease 克隆氏症
Cromer 克羅默
cyanobacteria 藍綠菌
Czechoslovakia 捷克斯洛伐克
Danuvius 河神古猿
David Raup 大衛・勞普
Dawn of the Dinosaurs《恐龍崛起之前》
Denisova Cave 丹尼索瓦洞穴
Denisovan 丹尼索瓦人
Devonian 泥盆紀
diatoms 矽藻
Dimetrodon 異齒龍

dinoflagellates 渦鞭毛藻
Domesday Book《末日審判書》
Ebu Gogo 埃布戈戈
Edward Gibbon 愛德華・吉朋
elastic strain energy 彈性變能
Elfatih Eltahir 埃爾法提赫・艾爾塔希爾
Elizabeth Carlsen 伊莉莎白・卡爾森
Emma Wedgwood 艾瑪・韋奇伍德
English sweating sickness 英國汗熱病
Ensis magnus 竹蟶
Essay on the Principle of Population《人口論》
eukaryote 真核生物
Euphrates 幼發拉底河
Everything Is Predictable《凡事皆可預測》
Falkland Islands 福克蘭群島
Fertile Crescent 肥沃月彎
fig wasp 榕果小蜂
fitness 適存度
Flores 弗洛勒斯島
Folio Society 佛里歐出版社
foramen magnum 枕骨大孔
Ford Edsel 福特的艾德塞爾車系
Founder Effect 創始者效應
From Arabia to the Pacific: How Our Species Colonised Asia《從阿拉伯到太平洋：人類如何殖民亞洲》
Gaia Vince 蓋亞・文斯
Gandalf 甘道夫
Gaucher disease 高雪氏症
Gerrit Jansz van Deventer 來自戴凡特的蓋瑞特・詹斯
Gigantopithecus 巨猿
Global Nouth 全球北方
Global South 全球南方
Graecopithecus 希臘古猿
Great Yarmouth 大雅茅斯港
Haber-Bosch Process 哈伯法
Habsburg 哈布斯堡
Hadar 哈達爾
Hagai Levine 哈蓋・列文
Hannibal of Carthage 迦太基的漢尼拔

Happisburgh 哈茲波洛村
Heath Robinson 希思・羅賓遜
Herto 赫托
Hill House Inn 希爾之家酒館
hominin 古人類
Homo 人屬
Homo altaiensis 阿爾泰人
Homo antecessor 先驅人
Homo erectus 直立人
Homo floresiensis 弗洛勒斯人
Homo habilis 巧人
Homo heidelbergensis 海德堡人
Homo longi 龍人
Homo luzonensis 呂宋人
Homo naledi 納萊迪人
Homo rhodesiensis 羅德西亞人
Homo sapiens 智人
How Life Works《生命如何運作》
Human Genome Project 人類基因組計畫
Humans Are Doomed to Go Extinct〈人類注定滅絕〉
Hunstanton 亨斯坦頓
Hurricane Katrina 卡崔娜颶風
Hurricane Sandy 珊蒂颶風
Iho Eleru 伊荷埃勒魯
Indira Gandhi 甘地夫人
Institute of Chartered Accountants of England and Wales 英格蘭及威爾斯特許會計師公會
International Maize and Wheat Improvement Center（CIMMYT）國際玉米小麥改良中心
International Rice Research Institute（IRRI）國際稻米研究所
Ishango 伊尚戈
isostatic rebound 地殼均衡回彈
J. Richard Gott 李查德・戈特
Jacob Roggeveen 雅各布・羅赫芬
Jamestown 詹姆斯敦
Jared Diamond 賈德・戴蒙
Jebel Irhoud 傑貝爾伊羅德
Jeremy Pal 傑瑞米・帕爾
Joel E. Cohen 喬爾・科恩

Johan Rockström 約翰・洛克斯特羅姆
John H. Ostrom 約翰・H・歐斯壯
Joni Mitchell 瓊妮・蜜雪兒
Jurassic 侏羅紀
Justinian 查士丁尼皇帝
Kalahari Desert 喀拉哈里沙漠
Katanga 卡坦加
Kelly and Zach Weinersmith 凱莉與札克・韋納史密斯
KhoeSan 科伊桑人
Khoratpithecus 呵叻古猿
Kibish 基比什
King's Lynn 金斯林
Kinshasa 金夏沙
Komodo 科摩多龍
Kuru 庫魯病
Kyle Harper 凱爾・哈珀
Laetoli 萊托利
Lagos 拉哥斯
Lake Makgadikgadi 馬加迪卡迪湖

Lake Turkana 圖爾卡納湖
Lascaux 拉斯科
Leigh Van Valen 李・范華倫
Levant 黎凡特
Lewis Carroll 路易斯・卡洛爾
Louise Brown 露薏絲・布朗
Lukenya Hill 盧肯亞山
Lunar Gateway 月球門戶太空站
Macaca fuscata 雪猴
Macaca sylvanus 巴巴里獼猴
Malvinas 馬爾維納斯群島
mammoth steppe 猛瑪草原
Mammuthus primigenius 真猛瑪象
Maplecroft 梅波克羅夫特
Mark Antony 馬克・安東尼
Mark Stoneking 馬克・史東金
Mary Beard 瑪莉・畢爾德
Megaloceros giganteus 巨型鹿
Mere or Lake of Crows 烏鴉湖
Mir 和平號太空站

moai 摩艾石像
Moluccas 摩鹿加群島
Mount Carmel 迦密山
Mount Toba 多巴火山
Mundesley 蒙德斯利村
Mycobacterium tuberculosis 結核分枝桿菌
Nairobi 奈洛比
Natufians 納圖夫人
Nature Climate Change《自然氣候變遷》
Neanderthal 尼安德塔人
Neanderthal Man: In Search of Lost Genomes《尼安德塔人：尋找失落的基因組》
near-Earth asteroid（NEA）近地小行星
Nicolaus Copernicus 尼古拉・哥白尼
Nicole Boivin 妮可・波伊文
Niels Bohr 尼爾斯・波耳
Niels Skakkebæk 尼爾斯・史卡克貝克
Nomad Century《遊牧世紀》
Norfolk 諾福克郡
Obi-Wan Kenobi 歐比王肯諾比
Oreopithecus 山岳古猿
Orkney 奧克尼群島
Orrorin 圖根原人
orthogenesis 定向演化
Ostrea edulis 牡蠣
Ottoman 鄂圖曼帝國
Outer Space Treaty《外太空條約》
Palaeoweltschmerz 古世界厭世
Paranthropus 傍人屬
Parthians 帕提亞帝國
Paul Ehrlich 保羅・艾理希
Pediculus humanus capitis 頭蝨
Pediculus humanus corporis 體蝨
Philip Ball 菲利普・鮑爾
Photosystem II 光系統 II
Phytophthora infestans 馬鈴薯晚疫黴
Pinnacle Point 尖峰角
Plagues Upon the Earth《瘟疫與文明》
planetary boundaries 地球限度
plesiosaur 蛇頸龍

Pliocene epoch 上新世
Pompey 龐培
porphyria 紫質症
porphyria variegata 異位型紫質症
prion 普利昂蛋白
pterosaur 翼龍
Pygmies 俾格米人
Qafzeh 卡夫澤
Rachel Carson 瑞秋・卡森
racial senescence 種族衰老
Rapa Nui 拉帕努伊島（復活節島）
Rebecca Cann 蕾貝嘉・坎恩
respiratory syncytial virus 呼吸道融合病毒
River Tees 蒂斯河
Roanoke 洛亞諾克
Robert Bakker 羅伯特・巴克
Robert Costanza 羅伯特・科斯坦薩
Robert McNeill Alexander 羅伯特・麥克尼爾・亞歷山大
Robin Dennell 羅賓・丹納爾
Roe *v.* Wade 羅訴韋德案
Rube Goldberg 魯布・戈德堡
Rubus fruticosus 黑莓
Ruritania 魯里塔尼亞
Sahelanthropus 查德沙赫人
Salicornia europaea 海蘆筍
Salyut 1 禮炮一號
Sardinia 薩丁尼亞
Scientific American《科學美國人》
Scipio 西庇阿
Sheringham 謝林罕
Shipden 雪普頓
Sierra de Atapuerca 阿塔普埃爾卡山脈
Sir Anthony Hope Hawkins 安東尼・霍普・霍金斯爵士
Sir Arthur Conan Doyle 亞瑟・柯南・道爾爵士
Sivapithecus 西瓦古猿
Skhul 斯庫爾
Skylab 天空實驗室
Smithsonian Magazine《史密森尼雜誌》

South Georgia 南喬治亞島

SPQR: A History of Ancient Rome《SPQR：璀璨帝國，盛世羅馬，元老院與人民的榮光古史》

Stanley Kubrick 史丹利．庫柏力克

Still Bay Technocomplex 斯特爾灣技術複合體

Streptococcus pneumoniae 肺炎鏈球菌

Sulawesi 蘇拉威西島

Svante Pääbo 斯萬特．帕波

Taï 塔伊

Thar Desert 塔爾沙漠

The Accidental Species《意外的物種》

The Adventure of the Dancing Men〈小舞人探案〉

The Decline and Fall of the Roman Empire《羅馬帝國衰亡史》

The Mail on Sunday《週日郵報》

The Population Bomb《人口爆炸》

The Silent Spring《寂靜的春天》

Thomas Malthus 托馬斯．馬爾薩斯

Through the Looking Glass《鏡中奇緣》

Tigris 底格里斯河

Tom Chivers 湯姆．齊弗斯

Trafalgar Square 特拉法加廣場

Trajan 圖拉真

transported landscapes 移植地景

Triassic 三疊紀

United Nations Convention on the Law of the Sea（UNCLOS）《聯合國海洋法公約》

Wash Gulf 華許灣

wet-bulb temperature 濕球溫度

Whimpwell 惠普威爾

Woody Allen 伍迪．艾倫

Yeti 喜馬拉雅雪人

Yogi Berra 尤吉．貝拉

Yorkshire 約克郡

You Will Go to the Moon《你會上月球》

智人生命簡史

科技、太空移民、AI 能否延緩人類的終局？一場跨越生命演化與未來科技的思想探測

The Decline and Fall of the Human Empire

作者 亨利·吉（Henry Gee）
譯者 劉泗翰
執行編輯 吳佩芬
封面設計 兒日設計
內頁排版 高巧怡
行銷企劃 蕭浩仰、羅聿軒
行銷統籌 駱漢琦
業務發行 邱紹溢
營運顧問 郭其彬
果力總編 蔣慧仙
漫遊者總編 李亞南

出版 果力文化／漫遊者文化事業股份有限公司
地址 台北市103大同區重慶北路二段88號2樓之6
電話 (02) 2715-2022
傳真 (02) 2715-2021
服務信箱 service@azothbooks.com
網路書店 www.azothbooks.com
臉書 www.facebook.com/azothbooks.read

發行 大雁出版基地
地址 新北市231新店區北新路三段207-3號5樓
電話 (02) 8913-1005
訂單傳真 (02) 8913-1056
初版一刷 2025年8月
定價 台幣580元

ISBN 978-626-99855-1-7

First Published 2025 by Picador, an imprint of Pan Macmillan, a division of Macmillan Publishers International Limited. This edition arranged with Peony Literature Agency.

國家圖書館出版品預行編目 (CIP) 資料

智人生命簡史：人類是否真能倖免於物種滅絕的宿命？我們如何在「現在」做出選擇，找到存續解方/亨利. 吉 (Henry Gee) 作；劉泗翰譯. -- 初版. -- 臺北市：果力文化出版；新北市：大雁出版基地發行, 2025.08
面；公分
譯自：The decline and fall of the human empire.
ISBN 978-626-99855-1-7(平裝)
1.CST: 人類演化 2.CST: 人類生態學
391.6 114010736